첫 번 째
플라워 케이크

첫 번째 플라워케이크

—

2016년 7월 25일 1판 1쇄 발행
2017년 2월 28일 1판 3쇄 발행

—

지은이 따뜻한케이크(최수정) 지음
펴낸이 이상훈
펴낸곳 책밥
주소 03986 서울시 마포구 동교로 23길 116(성산동 226-6), 3층
전화 번호 070) 7882-2312
팩스 번호 02) 335-6702
홈페이지 www.bookisbab.co.kr
등록 2007.1.31. 제313-2007-126호

—

기획·진행 박미정
교정 교열 추지영
디자인 디자인허브

—

ISBN 979-11-86925-08-9 (13590)
정가 14,000원

책밥은 (주)오렌지페이퍼의 출판 브랜드입니다.

이 도서의 국립중앙도서관 출판예정도서목록(CIP)은 서지정보유통지원시스템 홈페이지(http://seoji.nl.go.kr)와 국가자료공동목록시스템(http://www.nl.go.kr/kolisnet)에서 이용하실 수 있습니다. (CIP제어번호 : CIP2016016629)

첫 번 째

플라워 케이크

따뜻한케이크(최수정) 지음

책밥

머리말

─────────

나 의 이 야 기

케이크를 꺼내는 순간 우아 하고 터지는 감탄들. 여기저기서 들려오는 칭찬과 사진 찍기 바쁜 모습. 이제는 당연한 것이지만 이 보석 같은 시간을 맞이하기까지 셀 수 없이 많은 새벽을 보냈습니다.

앙금꽃만 뚫어져라 쳐다보고, 꽃을 짜고 버리고 다시 짜고…… 영화를 보면서도 잠들기 전에도 정말 치열하게 오직 플라워케이크 생각만 했어요. 더 완벽한 모양으로 만들고 싶어서, 나만의 느낌을 표현하고 싶어서, 새벽 내내 연구하고 연습했습니다.

요즘도 수업이 끝나면 아무리 피곤해도 케이크를 만들고 퇴근합니다. 기분이 안 좋을 때도 케이크를 만들어요. 이제 저에게 플라워케이크는 행복한 일상이자 힐링입니다.

플 라 워 케 이 크 이 야 기

수업을 진행하면서 플라워케이크의 인기를 느낄 수 있습니다. 'Korean Style Flowercake'라고 해서 외국인들도 우리나라에 와서 배울 만큼 인기가 높지요.

불과 몇 년 전만 해도 촌스러운 색과 꽃 모양의 플라워케이크가 많았어요. 하지만 최근에는 과일 등 싱싱한 재료들로 건강한 떡을 만들고, 천연 색소로 곱게 색을 입힌 앙금으로 예쁜 꽃까지 만드는 등 더욱 고급스러운 플라워케이크를 만날 수 있답니다.

가장 많이 듣는 말 중 하나가 "너무 예쁜데, 이거 먹을 수 있는 거야?"인데요. 그만큼 보기 좋다는 얘기겠지요?

하지만 아직까지는 배울 수 있는 방법이 수업 외에는 많지 않습니다. 외국 사이트에 올라온 케이크 데코레이션 자료들을 참고할 수는 있지만 현재 만들어지는 스타일과 달라서 만족스럽지 않습니다. 그래서 더 책임감을 가지고 집필했습니다. 저 역시 초반에 자료가 부족해 답답했던 경험이 있기 때문에 좀더 자세한 정보로 도움을 드리고 싶었습니다. 꼼꼼한 설명과 사진, 동영상까지 노하우를 최대한 아낌없이 담았으니 걱정 말고 시작해 보세요.

당 신 을 응 원 하 며

너무나 아름다운 플라워케이크의 모습에 반해 혼자 만들어보려고 해도, 낯선 도구들과 까다롭고 어렵다고 알려진 파이핑 때문에 시도조차 못 하거나 금세 포기하는 분들도 많지요.

저도 처음에는 그 어떤 것도 맘에 들지 않았고 실패의 연속이었습니다. 너무 답답해서 주걱을 내던진 날도 있었죠. 하지만 그 실패가 싫지만은 않았습니다. 실패하지 않았다면 평범하고 지루한 플라워케이크만 만들었을 테니까요. 그러니 여러분도 좌절하지 말고 짤주머니를 잡아보세요. 그 답답한 과정은 어쩌면 선물 같은 시간들이고, 점점 예쁜 꽃들이 내 손에서 피어날 겁니다. 당신의 치열한 새벽을 함께하겠습니다.

마지막으로 사랑하는 엄마, 유정이, 병한이, 그리고 태연 오빠에게도 감사한 마음을 전합니다.

2016년 7월
따뜻한케이크 최수정

차례

1

천연 재료를 이용한
떡 케이크 만들기

2

파이핑으로
꽃피우기

3

플라워 어레인지로
케이크 완성하기

플라워케이크란?

플라워케이크는 '케이크 데코레이션' 분야로 생크림이나 버터크림을 이용한 케이크 장식에서 시작되었습니다.
초반에는 장미를 소량으로 올려 장식했는데, 최근에는 여러 가지 종류의 꽃을 이용해 다양한 디자인으로 하나의 작품을 만들고 있습니다.

기존의 플라워케이크가 서양식으로 빵과 생크림, 버터크림으로 만들어졌다면, 최근에는 떡(백설기) 베이스와 앙금크림으로 재료의 폭이 넓어졌습니다.
앙금플라워떡케이크는 쌀가루로 떡을 만들고, 색을 입힌 앙금으로 만든 꽃을 올려 장식한 것을 말하는데, 흰콩을 이용해 만든 앙금과 천연 가루 색소, 좋은 쌀로 직접 찐 떡 등 몸에 좋은 다양한 재료를 사용하기 때문에 건강한 먹거리이기도 하답니다.
'떡'이라고 하면 보통 전통 떡을 떠올리는데, 현대적인 감각과 재료들을 가지고 더욱 고급스럽고 현대적인 디자인을 할 수 있습니다.

슬로푸드, 웰빙 식품이기에 어른들은 물론 아이들도 걱정 없이 먹을 수 있으며, 아름다운 꽃장식으로 20~30대 젊은 층도 점점 많이 찾고 있습니다.

멥쌀가루 만들기

백설기 재료인 멥쌀가루 만드는 방법에 대해 알아봅니다.

1. 큰 볼에 쌀(백미)을 잠길 정도로 물에 담급니다.
2. 여름에는 6시간, 겨울에는 12시간 동안 불립니다.
3. 체에 걸러 30분 정도 물을 빼줍니다.
4. 물을 뺀 쌀을 방앗간에 가져갑니다.
5. 물은 넣지 않고 소금 간만 해서 갈아줍니다.

   tip 쌀을 갈 때 물을 넣으면 물주기를 할 필요 없어요. 그대로 가져와 설탕만 넣고 만들면 됩니다. 하지만 우리는 물주기 방법을 익혀야 하기 때문에 물을 넣지 않고 갈아줍니다.

6. 알맞게 소분하여 냉동 보관하세요.

   tip 사용하기 전날 저녁 냉장고로 옮겨 해동하거나 3~4시간 전 밖으로 꺼내 자연 해동합니다. 멥쌀가루는 젖은 상태이기 때문에 냉장고에 하루 이상 두거나 실온에 오래 두면 상할 수 있어요. 반드시 냉동 보관, 사용 전에 자연 해동, 잊지 마세요!

떡을 찌기 전에 알아야 할 것들

플라워케이크의 기본이라고 할 수 있는 백설기. 백설기는 꽃을 받쳐주는
든든한 기둥 역할을 합니다. 꽃을 아무리 화려하고 예쁘게 만들어도 백
설기가 맛이 없다면 아쉽고 부족한 케이크가 되기 십상입니다. 아름다운
모양뿐만 아니라 맛도 좋은 케이크를 만들려면 다음 내용들을 숙지해야
합니다.

/ 멥쌀가루는 정확한 양을 준비해 주세
요. 양이 적거나 많을 경우 물주기가
잘못되어 떡을 망칠 수 있습니다.

/ 떡을 찔 때는 찜통에 물을 2/3 정도
채웁니다. 물이 부족하면 바닥이 탈
수 있어요.

/ 찜기에 시루밑을 깔아 쌀가루가 밑
으로 떨어지지 않게 합니다.

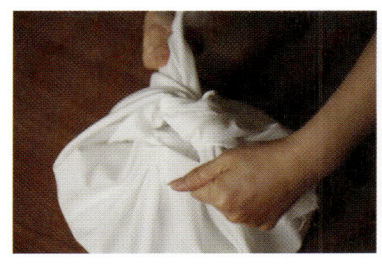

/ 찜기의 뚜껑은 항상 천으로 묶어줍
니다. 뚜껑에 물이 맺혀서 떡 위로
물방울이 떨어질 수 있으니 반드시
천으로 묶어 물방울이 떨어지는 것
을 방지해 주세요.

잘못된 예

/ 원형 케이크를 만들 때 스크래퍼를
세워서 사용하지 않습니다. 그림과
같이 세워서 사용하면 쌀가루가 긁
혀서 표면이 깔끔하게 나오지 않기
때문이죠. 48쪽처럼 비스듬하게 눕
혀서 사용하세요!

/ 센 불에서 물이 팔팔 끓을 때 찜기
를 올리는 것이 좋습니다. 25분 내
내 불을 줄이지 않고 센 불로 쪄야
떡이 잘 익습니다.

설기 보관하는 방법

설기는 보관이 중요합니다. 만들고 나서 오래 두면 갈라지고 딱딱해지기
때문에 특별한 방법으로 보관해야 합니다. 케이크는 무스띠를 감아주고,
컵설기는 찌자마자 바로 유산지에 싸둡니다. 그리고 나서 봉지에 넣고
밀봉해 마르지 않도록 해주세요.

설기는 찌고 나서 하루 내에 먹는
것이 가장 맛있습니다. 더 오래 두고
먹으려면 냉동 보관을 하는 것이 좋
습니다. 냉장실이나 실온에서 보관
할 경우 하루만 지나도 딱딱해집니
다. 냉동 보관한 것을 자연 해동해서
먹어도 되지만 가급적 만든 당일 먹
는 것이 가장 좋습니다.

tip 냉동 보관 후 따뜻하게 먹고 싶다면 위
에 올린 앙금은 제거하고 설기만 다시 쪄서
먹습니다.

앙금에 대하여

플라워케이크에서 앙금은 꽃을 만들 때 사용하는데, 버터크림으로 대체해 플라워케이크를 만들기도 합니다.

앙금이란?

앙금이란 콩을 삶은 다음 껍질을 분리하고 으깨어 당 처리를 한 것을 말합니다. 바로 먹어도 무방하며 다양한 색소를 넣을 수도 있고 만주 등 과자나 빵에 넣기도 합니다.

앙금의 종류

앙금에는 통팥앙금, 백앙금, 송편앙금, 호박앙금, 유자앙금, 고구마앙금, 완두앙금, 녹차앙금, 쑥앙금 등 다양한 종류가 있는데, 플라워케이크는 앙금에 색소를 넣어 여러 가지 색깔의 꽃을 만들어야 하기 때문에 흰콩으로 만든 백앙금을 사용합니다.

제품 분류

백앙금도 종류가 다양하지만 본 책에서는 시중에 나와 있는 백옥앙금 S55M(5)-1을 사용했습니다. 이것은 방산시장이나 베이킹 관련 쇼핑몰에서 구입할 수 있습니다.

백옥앙금 S55M(5)-1

① 백옥앙금 : 제품명
② S : 프리미엄일 때는 P, 저감미일 때는 S, 이외에는 표기하지 않습니다.
③ 35 : 당도를 말하며 55, 35가 있습니다. 숫자가 높은 것이 당도가 높습니다.
④ M : 앙금의 점도를 의미하는데 이 책에서는 Middle을 사용했습니다. 제품명에는 약자 M으로 표기됩니다.

구분	특징	점도	사용 제품
Yield Point	많이 되다	400g 이상	만주 등 기계를 이용해 만드는 떡 종류
Hard	약간 되다	240-400g	찹쌀떡 등 손으로 만드는 떡과 과자 종류
Middle	보통	140-240g	손으로 만드는 일반 빵 종류
Soft	질다	80-140g	일반 빵보다 진 종류
Rather than	많이 질다	79g 이하	호도과자류

⑤ (5) : 중량(kg)을 말합니다. 3kg, 5kg이 있으며 보통 kg 표기를 생략합니다.
⑥ -1 : 배합비가 다를 경우에 표기합니다.

사용 방법

1. 55M의 앙금은 꽤 부드러운 편이지만 처음 개봉하면 단단한 상태이기 때문에 풀어서 사용해야 합니다. 앙금을 적당량 덜어 주걱으로 저으면서 부드럽게 풀어줍니다.

2. 어느 정도 풀어졌다면 색소를 넣고 다시 주걱으로 섞어줍니다.

보관 방법

포장을 뜯지 않았다면 실온 보관, 뜯은 후에는 밀봉하여 냉장 보관합니다.

색소에 대하여

앙금에 날개를 달아줄 색소! 인공색소와 천연색소를 이용해 분홍색의 소녀 같은 분위기를 연출하기도 하고 강한 붉은색으로 포인트를 주기도 합니다. 색소를 잘 활용하면 알록달록하고 화려한 꽃을 만들 수 있습니다. 이것도 다른 재료와 마찬가지로 방산시장이나 베이킹 관련 쇼핑몰에서 구입합니다.

인공색소

인공으로 만든 식용 색소로 소량만 넣어도 색이 잘 나며 많은 종류의 색깔이 있습니다.

천연색소

과일이나 채소 등 자연에서 얻을 수 있는 것들로 만든 가루 색소로 인공색소보다 많은 양을 넣어야 하고 색의 종류도 인공색소만큼 많지는 않습니다.

tip 가루 색소는 작은 통에 담아 이름표를 붙이면 찾기도 쉽고 깔끔하게 사용할 수 있습니다.

천연색소를 만들 수 있는
식물과 색 알아보기

① 빨강 : 파프리카, 비트 등
② 주황 : 파프리카, 치자 등
③ 노랑 : 황치즈, 호박, 치자 등
④ 초록 : 녹차, 클로렐라, 쑥 등
⑤ 파랑 : 치자와 약간의 첨가물이
　　　　들어간 파랑색
⑥ 보라 : 자색고구마, 블루베리 등
⑦ 분홍 : 비트, 백년초 등
⑧ 갈색 : 코코아
⑨ 검정 : 오징어먹물
⑩ 흰색 : 화이트색소(인공색소)

tip **조색할 때 유의할 점**

한꺼번에 많은 양을 섞지 않습니다. 한 주걱
정도의 앙금에 1~2티스푼의 천연색소를 넣
고 섞어줍니다. 번거롭더라도 소량씩 여러
번 넣어 조색해 주어야 원하는 색을 만들 수
있습니다. 이 과정에서 가루 색소의 양에 따
른 색의 변화도 학습할 수 있습니다. 조금씩
넣어 색의 변화를 확인하면서 조색하기! 잊
지 마세요.

앙금에 천연색소 섞어 조색하기

처음부터 앙금에 너무 많은 양의 색소를 넣으면 생각보다 진하거나 원하지 않은 색이 나올 수 있습니다. 진한 색을 다시 밝게 만들려면 많은 양의 앙금이 필요하기 때문에 처음에는 1스푼, 2스푼 조금씩 넣어 색을 확인하면서 만드는 것이 좋습니다.

백년초 가루로 분홍색 앙금 만들기

재료 : 앙금, 백년초 가루
도구 : 미니 주걱, 미니볼

1. 앙금을 1~2주걱 정도 준비합니다.
2. 앙금이 부드러워질 때까지 주걱으로 풀어줍니다.
3. 백년초 가루를 1스푼 넣고 주걱으로 섞어줍니다.
4. 더 진한 색을 만들고 싶다면 1~2스푼 더 넣어 섞어줍니다. 여기서는 2스푼 더 넣었습니다.

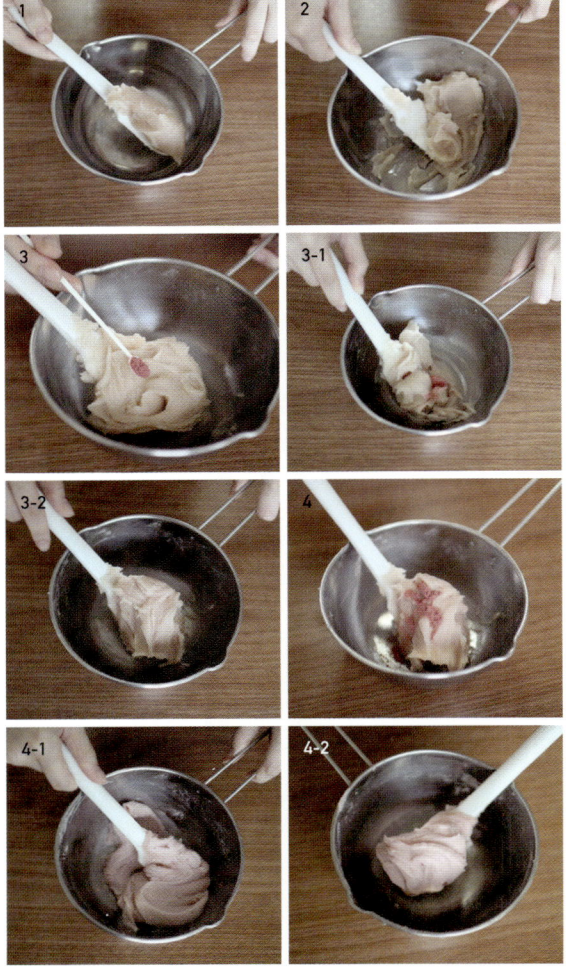

쑥 가루로 잎사귀용 초록색 앙금 만들기

재료 : 앙금, 쑥 가루
도구 : 미니 주걱, 미니볼

1. 앙금을 1~2주걱 정도 준비합니다.
2. 앙금이 부드러워질 때까지 주걱으로 풀어줍니다.
3. 쑥 가루를 2스푼 넣고 주걱으로 섞어줍니다.
4. 더 진한 색을 만들고 싶다면 1~2스푼 더 넣어 섞어줍니다. 여기서는 총 5스푼을 넣었습니다.

도구 알아보기

도구는 떡 도구와 파이핑 도구로 구분하여 방산시장이나 베이킹 관련
쇼핑몰에서 구입할 수 있습니다.

1
떡 도구

1 · 찜솥
속이 깊은 솥으로, 물을 끓
여 떡을 찝니다.

2 · 찜기
스테인리스와 대나무가 있
습니다. 무스링이나 실리콘
컵을 넣어 떡을 만듭니다.
대나무는 곰팡이가 생길 수
있으니 햇빛에 잘 말려야
합니다. 스테인리스 찜기는
밑이 분리되는 것이 편리합
니다.

3 · 중간체
멥쌀가루를 내려 곱게 만드
는 데 사용합니다.

4 · 스텐볼
멥쌀가루를 체로 칠 때 받치
는 용도로 사용합니다.

5 · 계량컵
멥쌀가루의 양을 잴 때 사
용합니다.

6 · 계량스푼
물과 설탕의 양을 잴 때 사
용합니다. 책에서는 스푼
계량을 'T'로 표시합니다.
1큰스푼=1T, 1작은스푼=1t

7 · 무스링
케이크를 만들 때 사용하
며, 높이는 5cm, 7cm가 있
습니다. 1호, 2호, 3호 등 호
수마다 크기가 다릅니다.

8 · 실리콘컵
실리콘으로 되어 있고 컵설
기를 만들 때 사용합니다.

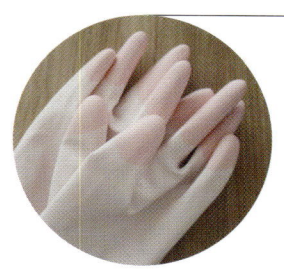

9 • 시루밑
실리콘으로 되어 있고 찜기
바닥에 깔아서 멥쌀가루가
떨어지지 않게 해줍니다.

10 • 떡장갑
찜기나 실리콘컵 등 뜨거운
도구들을 만질 때 사용하
며, 장갑 안에 천이 덧대어
있어 안전합니다.

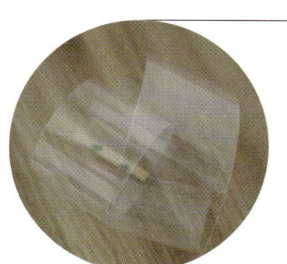

11 • 무스띠
케이크 옆면이 마르지 않도
록 둘러줍니다.

12 • 유산지컵
컵설기의 옆 · 밑면이 마르
지 않도록 감싸줍니다.

13 • 뒤집기판
케이크를 찜기에서 꺼낼 때
사용합니다.

14 • 면보
찜기 뚜껑에 묶어 떡 위로
물이 떨어지지 않도록 해줍
니다.

15 • 케이크 돌림판
찜기 밑에 놓고 돌려주면서
케이크의 표면을 매끈하게
정리할 때 사용합니다.

16 • 스크래퍼
케이크 돌림판과 함께 케이
크의 표면을 정리할 때 사
용합니다.

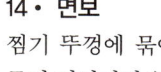
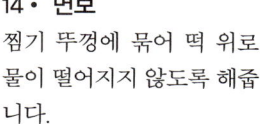

2
파이핑 도구

1 • 팁(모양깍지)
짤주머니 밖으로 껴서 사용합니다. 번호마다 모양이 다르고, 그 모양에 따라 꽃의 종류도 달라집니다.

3 • 커플러
짤주머니와 팁을 연결하는 역할을 합니다. 소(小), 대(大) 크기가 있으며, 대부분 소(小)를 이용합니다.

2 • 짤주머니
앙금을 담는 주머니로, 앙금은 크림보다 단단하기 때문에 비닐보다는 천 짤주머니가 알맞습니다. 12, 14, 16인치 등 자신의 손에 알맞은 크기의 짤주머니를 사용합니다.

4 • 꽃받침(네일)
꽃받침 위에 꽃을 만듭니다. 오른손으로는 꽃을 짜고 왼손으로 꽃받침 밑부분을 잡고 돌립니다.

5 • 꽃가위
꽃받침 위에 있는 꽃을 케이크 위나 트레이로 옮기는 데 사용합니다.

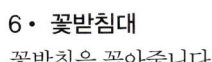

6 • 꽃받침대
꽃받침을 꽂아줍니다.

7 · 미니 주걱
앙금을 풀어주고 색소를 넣
어 섞을 때 사용합니다.

8 · 크림볼
앙금을 담는 도구입니다.

9 · 티스푼
가루 색소를 조금씩 떠서
넣어줍니다.

10 · 스크래퍼
짤주머니를 스크래퍼로 밀
어 앙금이 깔끔하게 들어가
도록 합니다.

11 · 실리콘 뚜껑
크림볼 위에 덮어서 앙금이
마르지 않도록 합니다.

12 · 밀폐 용기
어레인지하기 전까지 앙금
이 마르지 않도록 넣어둡니
다. 꽃가위로 넣고 옮겨야
하므로 높이가 짧고 길이가
긴 것이 편리합니다.

13 · 행주
팁에 묻은 앙금을 닦아냅
니다.

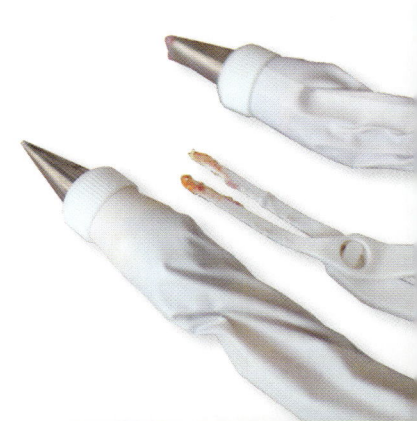

1

천연 재료를 이용한
떡 케이크 만들기

백설기는 '흰 눈'이라는 뜻처럼 깨끗한 이미지 때문에 예로부터 아이들의 백일과 돌 등 특별한 날을 기념할 때 많이 사용해 왔습니다. 재료나 만드는 법도 간단해서 대중에게 가장 사랑받는 떡 중 하나입니다. 인절미처럼 찹쌀로 만드는 떡들은 앙금꽃을 단단하게 받쳐주지 못하기 때문에 떡 케이크로 사용할 수 없습니다. 그래서 플라워케이크의 경우 다양한 모양으로 만들 수 있고, 꽃들을 든든히 받쳐주는 백설기를 사용합니다.

백설기 만들기
---
steamed white rice cake

재료(1호 사이즈 1개 분량) : 멥쌀가루 5~6컵, 물 4~7T, 설탕 4~7T
도구 : 찜솥, 찜기, 볼, 중간체, 계량컵, 계량스푼, 시루밑, 면보, 돌림판, 무스링, 스크래퍼, 케이크 상자, 무스띠

남녀노소 누구나 사랑하는 백설기는 간단하게 만들 수 있고 맛과 영양도 좋지만 빨리 굳는다는 단점이 있습니다. 하루가 지나면 딱딱해지기 때문에 그날 먹는 것이 가장 좋습니다. 선물하려면 몇 시간 전에 만드는 것이 가장 좋고, 따뜻하게 먹고 싶다면 올려놓은 꽃을 내리고 떡만 15분 정도 다시 쪄서 먹으면 됩니다.

1. 센 불에 물을 올리고, 멥쌀가루를 5~6컵 정도 계량하여 준비합니다.

2. 물 2/3T를 넣어 멥쌀가루의 상태를 확인합니다.

   notice 물을 많이 먹는 멥쌀가루인 경우 처음부터 물을 다 넣으면 질어질 수 있어요. 처음에는 2/3만 넣습니다.

3. 멥쌀가루에 물이 골고루 들어가도록 손으로 비벼줍니다.

   notice 이 과정을 짧게 하면 떡이 딱딱해지므로 충분히 비벼 골고루 섞이도록 합니다.

4. 비벼서 큰 덩어리가 없어졌다면 손으로 가루를 쥐었다 펴봅니다. 덩어리를 반으로 갈랐을 때 가루가 많이 나오거나 잘 뭉쳐지지 않는다면 물이 부족한 것입니다. 이럴 때는 나머지 물을 다 넣고 다시 손으로 비벼줍니다.

5. 나머지 물을 넣고 어느 정도 비벼주었다면 다시 물주기 상태를 확인합니다. 반으로 갈랐을 때 가루가 많이 떨어지지 않고 바닥에 던져보아 모양이 그대로 유지되는지 살펴봅니다. 그러면 물주기가 완료된 것입니다.

6. 물주기가 완료되면 체에 내립
   니다.

7. 한 번 더 체에 내린 후, 덩어리지
   지 않게 가루를 잘 섞어줍니다.

8. 기호에 맞게 설탕을 넣고 섞어
   줍니다.

   <u>notice</u> 설탕을 넣고 나서부터는 작업
   속도를 빠르게 해줍니다. 가루가 젖어
   있는 상태이므로 만드는 속도가 더디
   면 설탕이 녹아 질어지기 쉬우니 속도
   를 내주세요.

9. 찜기를 돌림판 위에 올려놓고
   시루밑을 깔아 준비합니다. 무스
   링을 가운데 놓고 가루를 부어
   줍니다. 표면을 손으로 평평하게
   펼쳐주세요.

   notice 손으로 가루를 누르면 떡이 익
   지 않으니 가볍게 펼쳐줍니다.

   tip 돌림판은 컵설기 외의 무스링을 쓸
   때 함께 사용합니다.

10. 스크래퍼를 이용해 표면을 깨
    끗하게 처리합니다. 스크래퍼의
    끝을 무스링의 안쪽 벽면에 대
    고 왼손으로 돌림판을 돌리면
    표면이 평평해집니다.

    notice 스크래퍼를 똑바로 세우면 떡이
    팰 수 있으니 비스듬히 잡고 돌립니다.

11. 무스링을 양손으로 잡고 위 · 아
래 · 오른쪽 · 왼쪽으로 아주 조
금씩 움직여 4~5mm 정도 틈을
만듭니다. 이 과정 없이 쪄도 되
지만 틈이 있으면 그 사이로 김
이 들어가 좀더 잘 익습니다.

notice 무스링을 세게 움직이면 설기가
갈라지니 조심스럽게 움직여야 합니다.

12. 1에서 올려놓은 물이 팔팔 끓으
면 11을 올리고 센 불에 25분간
찌고 나서 불을 끄고 5분 더 뜸들
입니다.

13. 무스링을 조심스럽게 빼고 설기
위에 평평한 접시를 올립니다.

14. 한 손으로 접시를 누르고 한 손
으로는 찜기 바닥을 잡아 뒤집
어줍니다.

15. 뒤집힌 찜기의 밑부분과 시루
밑을 떼어냅니다.

16. 뒤집어진 상태의 백설기 위에 케이크 판을 올려 한 번 더 뒤집어 줍니다.

17. 백설기가 다시 똑바른 상태로 돌아오면 조심스럽게 접시를 떼어 냅니다.

18. 떡이 마르는 것을 방지하기 위해 무스띠를 감아줍니다.

19. 백설기 케이크 완성.

딸기 설기 만들기

snow white rice cup cake with strawberry

ingredients

재료(컵설기 4개 분량) : 멥쌀가루 4컵, 딸기즙 3~5T, 설탕 3~5T
도구 : 찜솥, 찜기, 볼, 중간체, 계량컵, 계량스푼, 시루밑, 면보, 실리콘컵, 유산지컵, 떡장갑, 컵설기 상자

고운 색과 달콤한 향, 새콤달콤한 맛까지 너무나 사랑스러운 딸기. 딸기가 나기 시작하는 봄에는 싱싱한 딸기를 잔뜩 사서 오직 딸기 설기만 만들 정도로 맛있는 설기입니다. 디저트에 빠지지 않는 재료인 딸기는 떡을 만들 때도 환영받는 과일입니다.

1. 센 불에 물을 올리고 멥쌀가루 4컵을 준비합니다.

2. 생딸기나 냉동 딸기를 갈아서 준비합니다.

3. 46쪽의 과정을 참고해 설기를 만들되, 물 대신 딸기즙을 사용 합니다. 필요한 딸기즙의 2/3를 먼저 넣고 멥쌀가루의 상태를 확인합니다.

   <u>notice</u> 46쪽처럼 멥쌀가루의 상태를 보 면서 딸기즙을 추가합니다. 처음에는 2/3만 넣어 상태를 확인합니다.

4. 멥쌀가루에 딸기즙이 골고루 들 어가도록 손으로 비빕니다.

   <u>notice</u> 이 과정을 짧게 하면 떡이 딱딱 해지므로 충분히 비벼 골고루 섞이도 록 합니다.

5. 비벼서 큰 덩어리가 없어졌다면 손으로 가루를 쥐어보고 물주기를 확인합니다. 물주기가 잘되었다면 다음 과정으로 넘어가고 그렇지 않다면 나머지 물을 더 넣고 비벼줍니다. 반으로 갈랐을 때 가루가 많이 떨어지지 않고 덩어리를 바닥에 던져보고 모양이 그대로 유지될 때까지 진행합니다.

6. 체에 두 번 내린 후 기호에 맞게 설탕을 섞어줍니다.

    notice 설탕을 넣고 나서부터는 작업 속도를 빠르게 합니다.

7. 실리콘컵에 멥쌀가루를 산 모양으로 볼록하게 넣고 손으로 가볍게 정리합니다.

    notice 이때 두드리지 않고 가볍게 정리합니다. 떡의 보슬보슬한 느낌을 살리려면 누르거나 두드리지 않아야 합니다.

    tip 일자 펀치로 컵 밑부분을 뚫어 사용하면 뜨거운 김이 더 깊숙이 들어갈 수 있습니다.

5

6

7

7-1

잘못된 예

8. 7을 그림과 같이 찜기에 넣습니다.

   <u>notice</u> 찜기에 넣을 때 설기가 갈라져
   있으면 완성된 후에도 갈라지므로 찌기
   전에 한 번 더 매끈하게 정리합니다.

9. 물이 팔팔 끓으면 센 불에 25분간
   찐 후 불을 끄고 5분간 뜸들여 익힙
   니다.

10. 떡장갑을 끼고 손으로 뒤집어 실
    리콘컵에서 설기를 꺼냅니다. 뒤
    집힌 상태에서 밑부분에 유산지
    를 붙입니다.

11. 다시 뒤집어서 바닥에 놓고 옆
면까지 꼼꼼히 붙인 다음 위로
올라온 종이를 가위로 잘라 정
리하고 비닐봉지에 잘 싸서 밀
봉합니다.

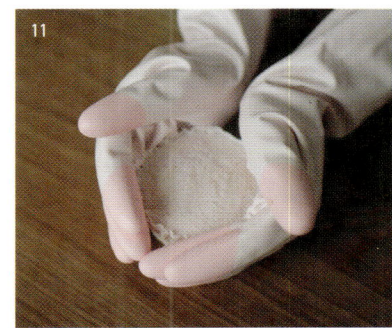

블루베리 설기 만들기

snow white rice cup cake with blueberry

ingredients

재료(미니 원형 무스링 2개 분량) : 멥쌀가루 4컵, 블루베리 과즙 4~6T, 설탕 4~6T
도구 : 찜솥, 찜기, 볼, 중간체, 계량컵, 계량스푼, 시루밑, 면보, 미니 무스링, 무스띠, 스크래퍼

안토시아닌이 가득 들어 있는 슈퍼푸드 블루베리! 떡으로 만들었을 때 색이 진한 과일이기도 해서 설기 자체로 포인트를 줄 수도 있습니다. 다른 과정은 백설기와 비슷하며 물 대신 블루베리를 사용합니다.

1. 센 불에 물을 올리고 멥쌀가루
    를 준비합니다.

2. 생블루베리나 냉동 블루베리를
    갈아서 준비합니다.

3. 멥쌀가루의 상태를 확인하면
    서 블루베리 과즙을 2/3T 넣습
    니다.

    notice 물을 많이 먹는 멥쌀가루일 수
    도 있기 때문에 처음부터 물을 다 넣으
    면 질어질 수 있습니다. 처음에는 2/3
    만 넣어 상태를 확인한 후 나머지 양을
    넣어줍니다.

4. 46쪽을 참고해 멥쌀가루에 물
    이 골고루 들어갈 수 있도록 손
    으로 비벼줍니다. 비벼서 큰 덩
    어리가 없어졌다면 손으로 가
    루를 쥐어 펼쳐보고 덩어리를
    반으로 갈랐을 때 가루가 많이
    떨어지지 않고 바닥에 던졌을
    때 모양이 잘 유지되는지 확인
    합니다.

5. 체에 두 번 내리고 덩어리지지
    않게 가루를 잘 섞어줍니다.

6. 기호에 맞게 설탕을 넣고 잘 섞어줍니다. 설탕이 녹기 전에 작업을 마칠 수 있도록 속도를 냅니다.

7. 찜기 위에 미니 원형 무스링을 놓고 계량스푼으로 6을 넣습니다.

8. 올라온 설기 가루를 스크래퍼로 밀어내 표면을 깨끗하게 정리합니다.

9. 물이 끓으면 8을 올려 센 불에
   25분간 찐 후 불을 끄고 5분간
   뜸들입니다.

10. 50쪽을 참고해 케이크 판으로
    설기를 옮깁니다.

11. 떡이 마르지 않도록 옆면에 무
스띠를 감아주고 비닐봉지에 잘
싸서 밀봉합니다.

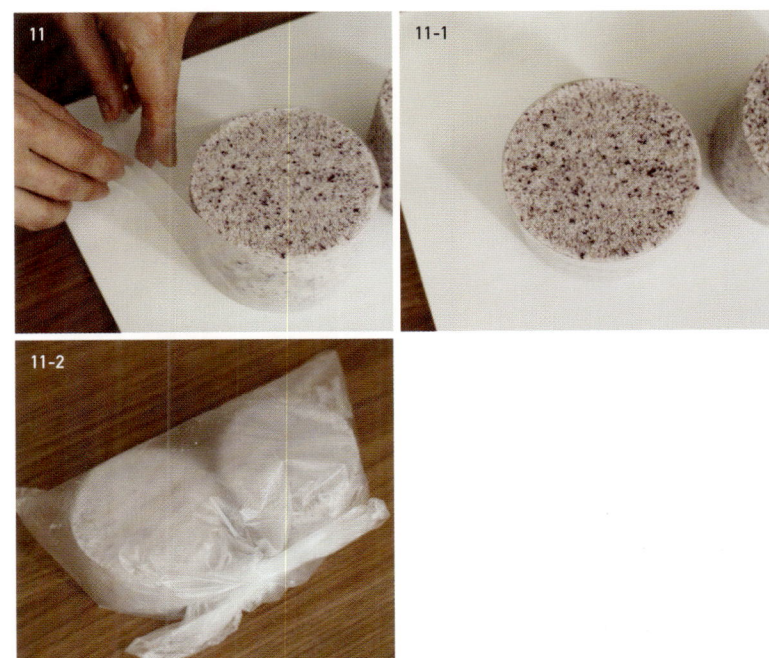

단호박 설기 만들기

sweet pumpkin steamed rice cake

ingredients

재료(1호 사이즈 분량) : 멥쌀가루 5~6컵, 단호박&물 4~6T, 설탕 4~6T
도구 : 찜솥, 찜기, 볼, 중간체, 계량컵, 계량스푼, 시루밑, 면보, 돌림판, 무스링 1호, 무스띠, 스크래퍼, 케이크 돌림판, 케이크 상자

단호박은 비타민과 미네랄이 풍부해 몸에도 좋고 맛도 달달해서 최근에는 주식 대용으로 먹는 사람들이 많습니다. 먼저 퓨레를 만들어 준비하고, 떡 속에 달콤한 단호박 잼까지 넣으면 100점짜리 설기가 완성됩니다. 어른들에게 선물하기에도 아주 좋습니다.

1. 단호박을 잘라 찜기에 넣고 찝
   니다. 젓가락으로 찔러보았을
   때 잘 익었으면 껍질을 제거하
   고 노란 속 부분만 으깬 후 반으
   로 나눠 그중 하나에 설탕을 넣
   습니다.

2. 센 불에 물을 올리고 멥쌀가루
   를 준비합니다.

3. 물을 1T 넣고 멥쌀가루의 상태
   를 확인하면서 단호박을 넣어줍
   니다.

4. 멥쌀가루에 단호박이 골고루 들
   어가도록 손으로 비벼줍니다.

   notice 떡이 딱딱해지지 않도록 충분히
   비벼 골고루 섞어줍니다.

5. 비벼서 큰 덩어리가 모두 없어지면 손으로 가루를 쥐었다가 펼쳐 떨어지는 가루를 확인합니다. 가루가 나오지 않을 정도로 뭉쳐지고 덩어리를 바닥에 던져 모양이 그대로 유지될 때까지 물주기를 하면서 잘 비벼줍니다.

6. 체에 두 번 내려 덩어리지지 않게 잘 섞어줍니다.

7. 기호에 맞게 설탕을 넣고 빠르게 섞어줍니다.

8. 찜기를 돌림판 위에 올리고 무
    스링을 가운데 놓은 다음 7의
    절반을 붓습니다. 만들어놓은
    단호박 퓌레를 손가락 한 마디
    크기로 군데군데 넣어줍니다.

9. 나머지 멥쌀가루를 넣고 스크래
    퍼로 표면을 깨끗하게 처리합니
    다. 스크래퍼의 끝을 무스링 벽
    면에 대고 왼손으로 돌림판을 돌
    리며 표면을 평평하게 만듭니다.

    notice 스크래퍼를 비스듬히 잡고 돌려
    야 떡이 패지 않습니다.

10. 무스링을 양손으로 잡고 위 · 아
래 · 오른쪽 · 왼쪽으로 아주 조
금씩 움직여 4~5mm 틈을 만들
면 그 사이로 김이 들어와 좀더
잘 익습니다.

notice 설기가 갈라지지 않도록 무스링
을 조심스럽게 움직입니다.

11. 물이 팔팔 끓으면 센 불에 25분
간 찐 다음 불을 끄고 5분 더 뜸
들입니다.

12. 50쪽을 참고해 설기를 케이크
판에 옮깁니다.

13. 떡마름을 줄이기 위해 무스띠를
둘러줍니다.

아이와 함께 설기 만들기 /

아이와 함께 건강한 설기를 만들어보세요. 직접 빻은 쌀가루와 싱싱한 과일도 갈아 넣고요. 고사리 같은 손이지만 열심히 쌀가루를 비비고 체에 내리기도 합니다. 보슬보슬한 쌀가루를 만지며 환하게 웃는 아이의 얼굴, 상상만으로도 행복하시죠?

설기가 익어가는 기다림의 시간
도 즐거워요.
따끈하게 완성된 우리의 첫 설기!
후후 불어 나눠 먹는 보물 같은 시
간입니다.

2

파이핑으로 꽃피우기

플라워케이크에서 가장 중요한 '꽃을 피우는 방법'에 대해 알아봅니다. 설기 위에 장식할 다양한 꽃을, 먼저 트레이 위에 한 송이씩 만들어보세요. 작은 꽃밭을 가꾸듯 오늘은 장미, 내일은 해바라기, 매일매일 다양한 꽃을 만들어봅니다. 2장에서는 복잡하고 어렵게만 느껴졌던 파이핑, 즉 앙금꽃을 만드는 방법에 대해 알아봅니다. 하나하나 따라 하면서 나만의 달콤한 앙금꽃을 만들어보세요.

장미 만들기
rose piping

ingredients

재료 : 파이핑용 앙금
도구 : 103번 혹은 104번 팁, 짤주머니, 커플러, 네일(꽃받침), 꽃받침대

꽃의 여왕이라 불리는 장미. 활짝 핀 장미를 볼 때만큼 기분 좋은 순간도 없지요. 장미는 앙금 플라워를 대표하는 꽃이기도 합니다. 장미를 파이핑할 때는 103번이나 104번 팁을 사용하고 5단계로 나누어 작업합니다. 기둥과 봉오리, 3잎과 5잎, 반복되는 5잎, 이 5단계를 통해 사랑스러운 앙금 장미를 만듭니다.

1

기둥 만들기

1. 왼손은 네일의 밑부분을 잡고
   오른손은 짤주머니를 잡습니다.
   물방울 모양처럼 생긴 103번 혹
   은 104번 팁을 얇은 부분이 위
   로 향하도록 잡아줍니다.

2. 네일 가운데 기둥을 만듭니다.
   기둥의 밑은 두껍게, 위로 올라
   갈수록 힘을 빼서 산 모양으로
   짜고 평평하게 마무리합니다.

<u>tip</u> 높이는 손가락 한 마디 정도가 알맞
아요.

<u>notice</u> 끝을 뾰족하게 빼지 않고 평평
하게 마무리합니다.

△ 잘못된 예

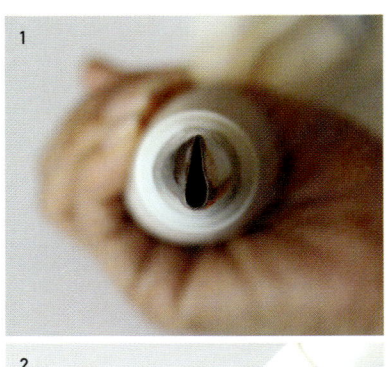

2
봉오리 만들기

1. 팁의 각도는 11시 방향으로 살 짝 기울이고, 팁의 아랫부분을 기둥 가운데 살짝 박은 다음 팁 을 시계 방향으로 돌립니다.

   notice 봉오리를 만드는 동안 팁의 밑 부분이 기둥에서 떨어지지 않도록 합 니다. 이때 오른손은 시계 방향으로 천 천히, 왼손은 반시계 방향으로 오른손 보다 빨리 돌립니다.

   tip 위에서 봤을 때 봉오리의 구멍이 작 아야 예쁜 장미가 나옵니다.

tip 팁의 각도

내 몸을 기준으로 팁을 잡는 방향

| ① 11시 방향 | ② 12시 방향 | ③ 1시 방향 | ④ 2시 방향 | ⑤ 3시 방향 |

3
3잎 만들기

1. 팁의 밑부분을 봉오리 2/3 지점
   에 박고 12시 방향으로 팁을 세
   운 다음 왼손을 반시계 방향으
   로 돌려가며 장미 꽃잎을 만듭
   니다.

2. 같은 방법으로 두 번 더 짜서 총
   3개의 꽃잎을 만듭니다. 서로 조
   금씩 겹치게 짜는데 이때 팁이
   봉오리에서 떨어지지 않게 합니
   다. 떨어지면 구멍이 생기기 때
   문에 예쁘지 않습니다.

tip 위에서 보았을 때 정삼각형 모양이
되도록 균형을 맞춰 짜주며, 77쪽에서
만든 봉오리보다 살짝 높게 짜는 것이
좋습니다.

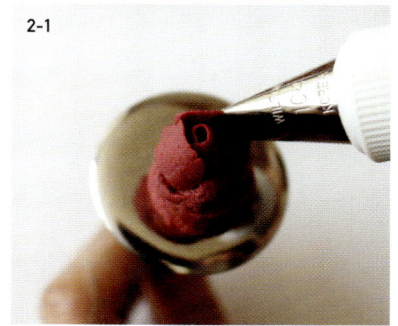

4

첫 5잎 만들기

1. 12시 방향으로 팁을 세워 기둥 밑부분에 대고 3잎과 같은 높이 까지 올렸다가 다시 아래로 내 려 말발굽 모양으로 만듭니다.

2. 1과 같은 방법으로 5개의 잎을 만드는데 서로 조금씩 겹치게 합니다. 3잎처럼 위에서 봤을 때 정오각형 모양이 되도록 균형을 맞춥니다.

    tip 3잎보다 높거나 낮지 않고, 같은 높 이로 짜는 내내 기둥에서 팁이 떨어지 지 않도록 합니다. 떨어지면 구멍이 생 겨 예쁘지 않아요.

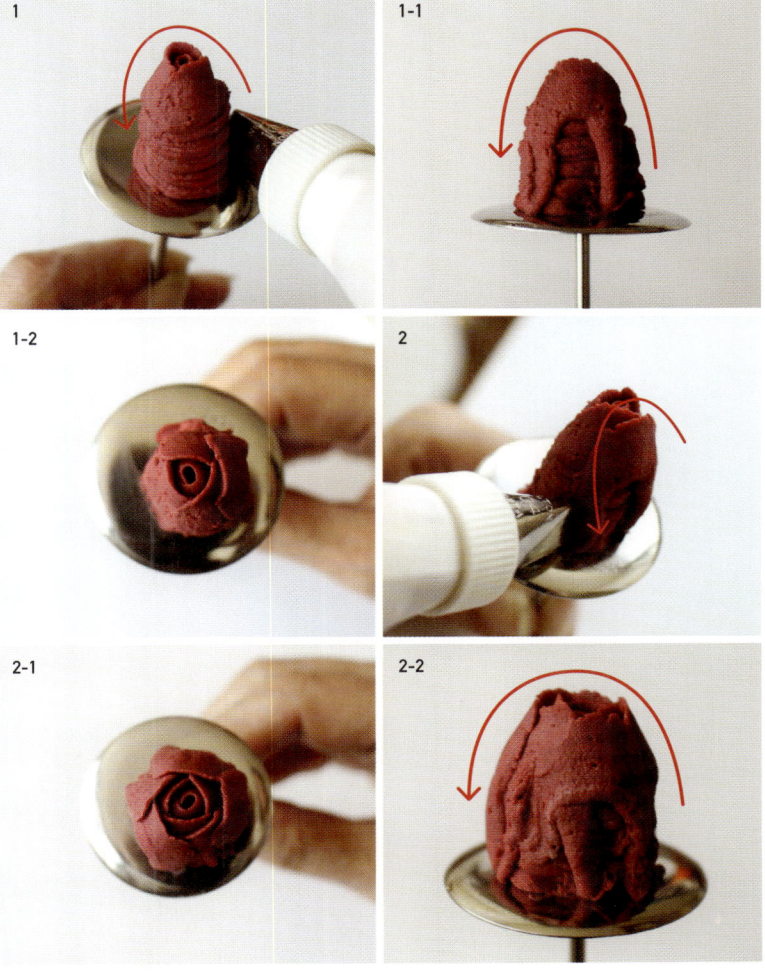

5

5잎 만들기

1. 팁을 1시 방향으로 잡고 앞서 만든 첫 5잎 위에 팁을 그대로 올려서 짭니다. 첫 잎을 짜면 말 발굽 모양의 잎이 완성됩니다.

2. 계속해서 화살표 방향으로 다섯 번 파이핑하여 5개의 잎을 만듭니다. 첫 5잎 위에 한 겹의 5잎을 더 만드는 것입니다.

3. 꽃잎이 피어 있는 것처럼 보이도록 팁의 각도를 점점 2시, 3시 방향으로 기울여서 화살표 방향으로 파이핑합니다.

   <u>notice</u> 높이는 조금씩 내려가게 하며 갑자기 낮아지거나 첫 5잎보다 높게 짜지 않도록 주의합니다.

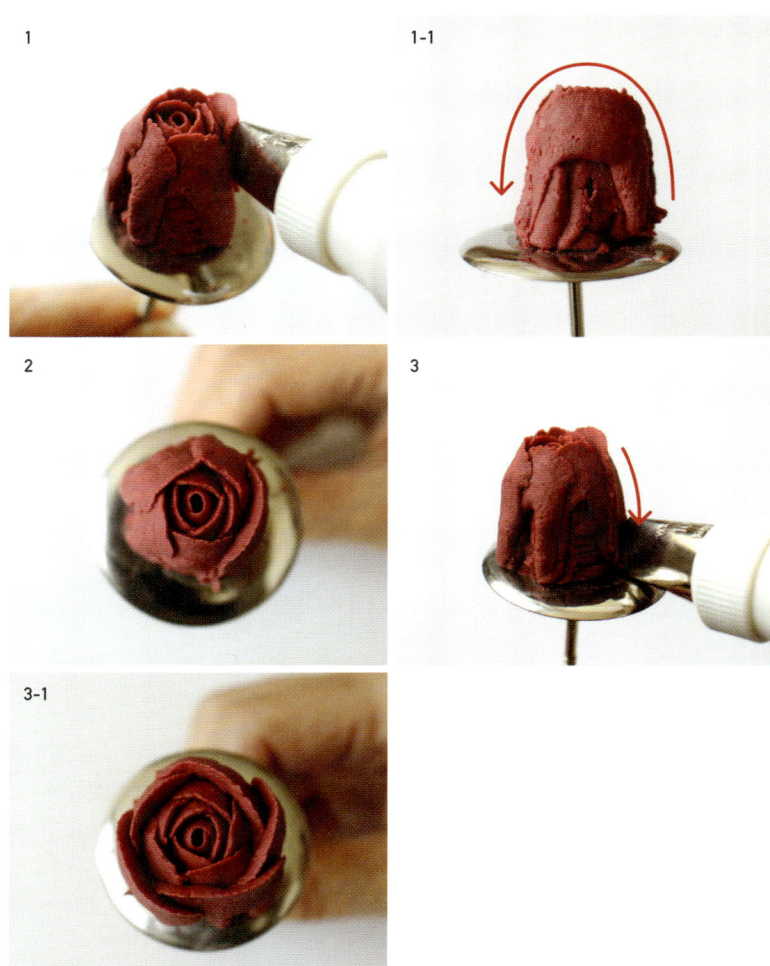

4. 두 겹을 완성한 후 5개의 잎을 총 2~3번 정도 반복해서 만듭니다. 원하는 크기로 짜되 위에서 보았을 때 동그랗게 균형이 잡혔는지 확인합니다.

tip 꽃의 크기는 파이핑 횟수에 따라 달라지기도 하지만, 꽃을 짤 때 얼마나 밀착했는지, 어느 정도로 힘을 주었는지, 어떤 각도로 짰는지 등에 따라 같은 횟수라도 꽃의 크기가 달라집니다.

4

4-1

4-2

국화 만들기

chrysanthemum piping

ingredients

재료 : 파이핑용 앙금
도구 : 81번 팁, 짤주머니, 커플러, 네일(꽃받침), 꽃받침대

국화는 앙금 플라워 파이핑 중 가장 힘이 많이 드는 꽃입니다. 다른 꽃에 비해 팁의 구멍이 작고 잎의 개수가 많아서 그만큼 손의 힘이 필요합니다. 손의 힘 조절을 항상 기억하면서 파이핑하면 보다 완벽한 국화를 완성할 수 있습니다.

1

기둥 만들기

1. 왼손은 네일의 밑부분을 잡고 오른손은 짤주머니를 잡습니다. 81번 팁의 안으로 들어간 부분이 위로 올라가도록 잡아줍니다.

2. 네일 가운데 기둥을 만듭니다. 위에서 보았을 때는 원 모양으로, 옆에서 보았을 때는 일자 모양으로 곧게 짭니다.

3. 기둥의 비어 있는 가운데 부분을 전부 채웁니다.

    tip 장미와는 달리 위로 올라갈수록 얇아지지 않게 일자로 만듭니다. 높이는 손가락 한 마디의 1/2 정도가 좋습니다.

2
3잎 만들기

1. 팁을 1시 방향으로 세워 기둥 가운데 딱 붙여서 그림과 같이 작고 동그란 반원 모양의 잎을 1cm 정도 짭니다.

2. 네일을 돌려 2잎을 짜되 1의 잎 안으로 반원 끝이 들어가도록 합니다.

3. 알맞게 짜주었다면 위에서 보았을 때 '웃는 모양'이 나옵니다.

tip 국화 잎을 짤 때 밑부분은 두껍게, 위로 올라가면서 힘을 빼주며 점점 얇게 짭니다. 밑부분을 두껍게 하지 않으면 전체적으로 잎이 얇아져서 잎들이 쓰러질 수 있습니다. 국화의 모든 잎에 적용됩니다.

notice 12시 방향으로 세우면 부자연스럽게 완성되므로 주의합니다. 또한 잎과 잎끼리 밀착하여 짜지 않으면 구멍이 보여 예쁘지 않습니다. 모든 잎들을 앞 잎에 충분히 밀착해서 짜주어야 합니다.

△ 밀착하지 않고 12시 방향으로 팁을 세운 예

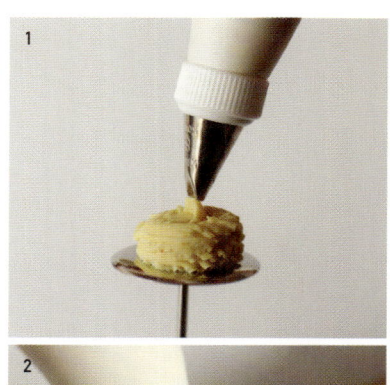

3

잎 펼 치 기

1. 앞 잎 밑부분에 팁을 밀착한 후 잎과 잎 사이에 걸쳐지도록 짭니다.

2. 1시에서 점점 2시 방향으로 눕혀서 짜면 점차 꽃이 피는 모양이 됩니다.

3. 완성 후 옆에서 보았을 때 높이
   가 일자가 되도록 균일하게 만
   듭니다.

tip 잎과 잎이 너무 나란히 위치하면
부자연스러우니, 잎과 잎 사이에 짜줍
니다.

notice 기둥 밑에서 올라오면서 짜지
않습니다. 이렇게 짜면 완성 후 꽃가위
로 옮길 때 꽃이 반으로 접힐 수 있습
니다. 기둥 밑에서 올라오지 않고 계속
앞의 시작 부분에 대고 짭니다.

Variation

수술 있는 국화 만들기 /

재료 : 파이핑용 앙금
도구 : 81번 팁, 3번 팁, 짤주머니, 커플러, 네일(꽃받침), 꽃받침대

수술 있는 국화는 기본 국화에서 수술이 들어갈 자리를 만들어주면 됩니다. 기둥을 만들고 3잎을 만드는 것이 아니라, 5잎을 만들어 공간을 확보해 주세요. 그 다음은 기본 국화와 비슷하며 마지막에 수술을 만들어줍니다.

1

기둥 세우고 5잎 만들기

1. 84쪽을 참고해 기본 국화와 동일
   하게 기둥을 만듭니다.

2. 팁을 1시 방향으로 세워 기둥
   중앙에 조금씩 겹쳐서 5잎을 짭
   니다.

   tip 겹쳐서 짜지 않으면 수술 들어갈 부
   분이 커집니다. 이 부분이 작아야 예쁘
   기 때문에 잎과 잎이 잘 겹치도록 합니
   다. 잎을 짤 때는 기본 국화와 마찬가지
   로 밑부분은 두껍게, 위로 올라가면서
   힘을 빼 점점 얇게 짭니다. 밑부분을 두
   껍게 하지 않으면 전체적으로 잎이 얇
   아져서 잎들이 쓰러질 수 있습니다.

   notice 12시 방향으로 세우면 부자연스
   럽기 때문에 주의합니다. 또한 잎과 잎
   을 밀착해서 짜지 않으면 구멍이 보여
   예쁘지 않으니, 모든 잎들을 앞 잎에
   충분히 밀착해서 짜주어야 합니다.

3

잎 펼치기

1. 86쪽을 참고해 기본 국화와 같
    은 방법으로 꽃잎이 펼쳐지도록
    만듭니다.

4

수술 만들기

1. 3번 팁으로 가운데 수술 3개를 만들되 얇게 짜면 수술이 흔들릴 수 있으니 밑부분은 도톰하게, 위로 올라갈수록 얇게 짭니다.

   tip 디자인에 따라 더 많은 양의 수술을 만들어도 됩니다.

주름 블로썸 만들기

wrinkle blossom piping

ingredients

재료 : 파이핑용 앙금
도구 : 101번 혹은 102번 팁, 3번 팁, 짤주머니, 커플러, 네일(꽃받침), 꽃받침대, 유산지

주름 블로썸은 이름 그대로 주름이 포인트인 꽃입니다. 규칙적인 것보다는 불규칙하게 파이핑했을 때 훨씬 자연스럽고 예쁘게 보여요. 또한 애플 블로썸이나 데이지, 주름 블로썸 등은 꽃이 얇아서 꽃가위로 옮기기 힘들기 때문에 얼렸다가 붙입니다. 이처럼 얼려서 사용하는 꽃들은 얼리는 시간을 고려해 다른 꽃들보다 먼저 만드는 것이 좋답니다.

1

유산지 준비하기

1. 유산지는 네일보다 1~2mm 큰
   것으로 준비합니다.

2. 네일 위에 앙금을 살짝 짜서 올
   리고 유산지를 붙입니다.

2

물결 잎 만들기

1. 101번 혹은 102번 팁을 준비해 얇은 부분이 위로 가도록 잡습니다.

2. 팁의 밑부분을 네일에 대고 가운데부터 시작합니다.

3. 팁을 네일에서 살짝 떼면서 위로 올려 짭니다. 얇게 올려 2개 혹은 3개의 물결 모양 잎을 만들고 다시 얇게 짜면서 시작한 지점으로 내려옵니다.

notice 1. 잎의 오른쪽은 왼쪽에 비해서 있어야 다음 잎이 더 예쁘게 나옵니다. 오른쪽 잎이 서 있지 않으면 꽃이 전체적으로 평평하게 만들어집니다. 잎이 서 있어야 좀더 입체적이고 예뻐요. 그렇기 때문에 팁을 네일 바닥에 계속 붙이지 않고 살짝 위로 들어서 짜야 합니다.

notice 2. 잎을 3등분으로 나눈다 생각하고 중간 높이보다 밑으로 내려오지 않도록 주의합니다.

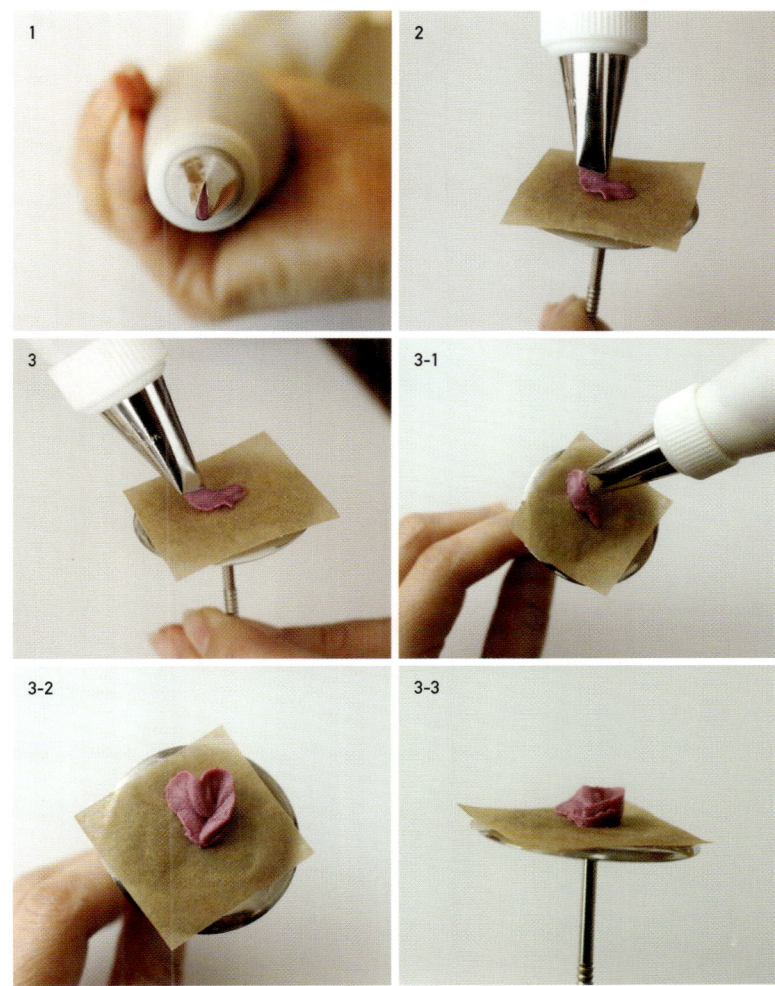

4. 동일한 방법으로 짜놓은 잎 뒤에 3개의 물결 모양 잎을 만듭니다.

5. 1~3개의 물결 모양 잎을 꽃의 중심을 바라보면서 5개 정도 짜서 만듭니다. 여기서는 3-2-3-2-3개의 잎을 순서대로 만들었지만 3-2-2-3-2 등 자유롭게 표현할 수 있어요.

3

수술 만들고
얼려서 완성하기

1. 3번 팁을 준비해 노란 앙금을 가
   운데 수술 가장자리에 살짝 짜서
   동그라미를 이룹니다.

   tip 노란 앙금은 황치즈나 호박, 치자를
   섞어 만듭니다.

2. 3번 팁으로 갈색 앙금을 짜되,
   가운데를 통통하고 작게, 동그
   란 모양으로 짜 넣습니다.

   tip 갈색 앙금은 코코아 가루를 섞어
   만듭니다.

3. 다른 꽃들도 모두 같은 방법으로
   짜되 수술 사이에 빈 공간이 생
   기지 않도록 주의합니다.

4. 30분 정도 냉동실에 얼렸다가
   장식할 때 꺼내서 사용합니다.

   notice 앙금은 천천히 얼고 빨리 녹기
   때문에, 냉동실에서 꺼내면 최대한 빠
   른 속도로 작업해야 합니다.

데이지 만들기

―――――

daisy piping

ingredients

재료 : 파이핑용 앙금
도구 : 101번 혹은 102번 팁, 3번 팁, 짤주머니, 커플러, 네일(꽃받침), 꽃받침대, 유산지

'순수한 마음'이라는 꽃말을 가진 데이지. 꽃말처럼 생긴 것도 청순하고 수수합니다. 그래서인지 다양한 색깔로 화려하게 만드는 다른 꽃들과는 달리 새하얀 잎에 노란 수술처럼, 간단한 색 조합이 가장 잘 어울리는 꽃입니다.

1

유 산 지 준 비 하 기

1. 94쪽을 참고해 유산지는 네일보
   다 1~2mm 크게 잘라서 준비하
   고, 네일 위에 앙금을 살짝 짜올
   린 후 유산지를 붙입니다.

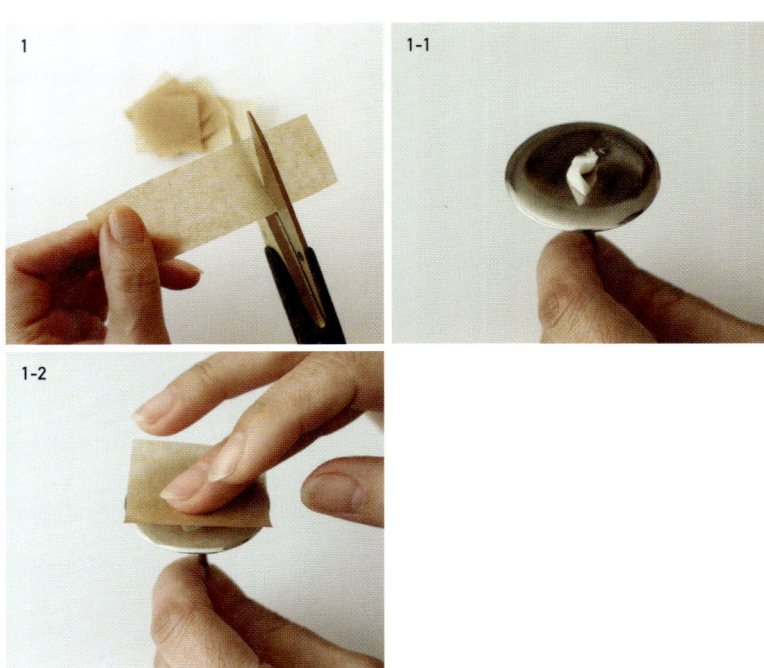

2
___
1잎 만들기

1. 101번 혹은 102번 팁의 얇은 부분이 위로 가도록 잡고 밑부분을 네일에 붙인 상태로 가운데부터 시작합니다.

2. 팁을 네일에서 살짝 떼면서 위로 올려 화살표 방향으로 얇게 짭니다. 동그랗게 잎 모양을 만들고 다시 얇게 짜면서 시작한 부분으로 내려옵니다.

   notice 윗부분과 밑부분의 폭이 같으면 예쁘지 않아요.

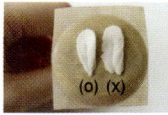

3. 뒤집어 보았을 때 긴 물방울 모양이 되었다면 일단 완성!

   notice 애플 블로썸과 마찬가지로 잎의 오른쪽은 왼쪽에 비해 도톰해야 다음 잎이 더 예쁘게 나오니 유의해서 짭니다. 잎의 동그란 부분은 오른손으로 모양을 잡아주기도 하지만, 왼손도 함께 돌려야 원 모양으로 예쁘게 만들어지니 두 손의 활용에 주의하세요.

△ 옆에서 본 모습

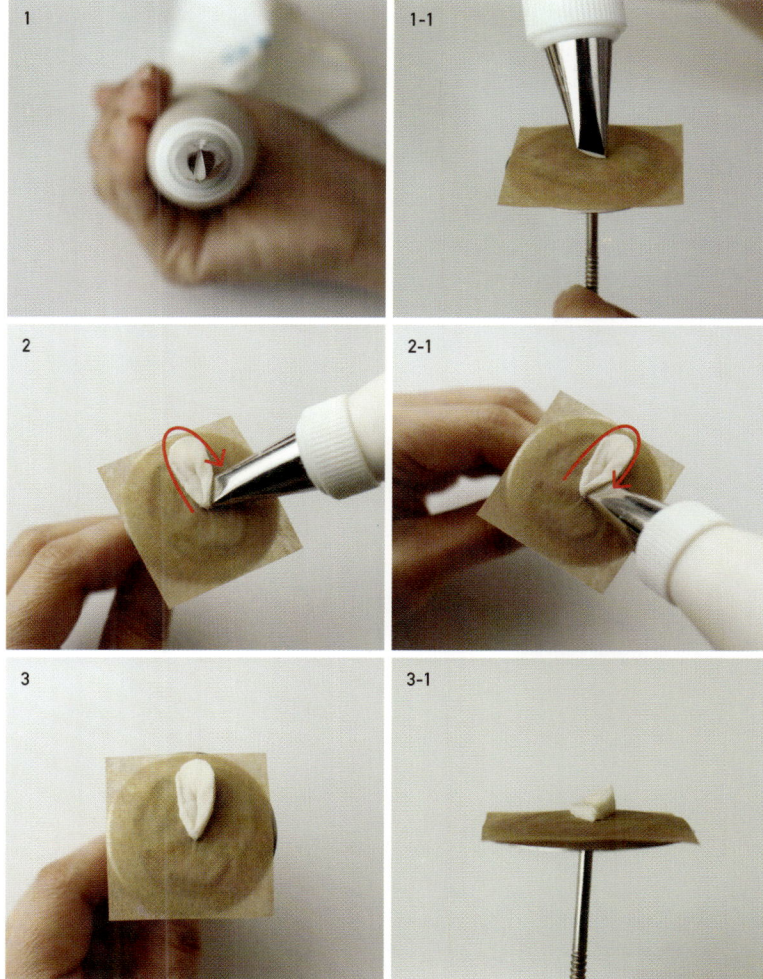

3
나머지 잎 만들기

1. 앞 잎의 세워진 오른쪽 부분 뒤
    에 짜서 두 번째 잎이 첫 번째 잎
    에 1/3 정도 포개지도록 합니다.

2. 계속해서 같은 방법으로 동그란
    데이지 꽃잎을 완성합니다.

    tip 처음에 꽃잎이 너무 길게 만들어졌
    다면 뒤로 가면서 조금씩 길이를 줄여
    전체적으로 균형을 맞춥니다. 동그라미
    의 균형을 맞추기 어렵다면 유산지에
    원을 그리고 그 위에서 작업하는 것도
    좋습니다.

4

——

수술 만들고
얼려서 완성하기

1. 3번 팁으로 노란 앙금을 짜서
   꽃 가운데 작고 귀여운 수술을
   만듭니다.

   tip 수술을 마무리할 때 갑자기 세게 뽑
   으면 앙금 꼬리가 길어질 수 있으니 주
   의하세요.

2. 97쪽을 참고해서 30분 정도 냉
   동실에 얼렸다가 꺼내서 장식합
   니다.

   notice 앙금은 천천히 얼고 빨리 녹기
   때문에, 냉동실에서 꺼낸 다음에는 빠
   른 속도로 작업하세요.

잘못된 예

라넌큘러스 만들기

ranunculus piping

---

ingredients

재료 : 파이핑용 앙금
도구 : 103번 혹은 104번 팁, 3번 팁, 짤주머니, 커플러, 네일(꽃받침), 꽃받침대

겹겹이 싸인 잎들이 참 예쁜 꽃. 최근 들어 부케로도 인기가 많은 라넌큘러스입니다. 파이핑할 때도 겹겹이 피운 꽃잎들이 포인트인데, 짜야 할 잎들이 많기 때문에 왼손과 오른손의 조화가 필수입니다. 이 점을 주의하면서 동글동글한 라넌큘러스를 만들어주세요.

1

기둥 만들기

1. 왼손은 네일의 밑부분을 잡고
   오른손은 짤주머니를 잡습니다.
   물방울 모양처럼 생긴 103번 혹
   은 104번 팁을 얇은 부분이 위
   로 가도록 잡아줍니다.

2. 짤주머니를 이용해 네일 가운데
   기둥을 짜서 올립니다. 기둥 밑
   은 두껍게, 위로 올라갈수록 힘
   을 빼서 산 모양으로 짜다가 평
   평하게 마무리합니다.

   tip 높이는 손가락 한 마디 정도면 됩
   니다.

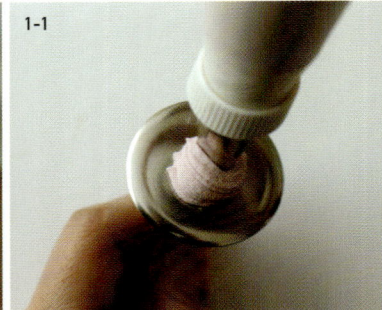

2
3잎 만들기

1. 12시 방향으로 팁을 세워 기둥 밑부분에 대고 짜는데, 기둥보다 살짝 높게 올렸다가 다시 아래로 내려 말발굽 모양을 만듭니다.

2. 네일을 잡은 왼손을 화살표 방향으로 조금씩 돌려가면서 1과 같은 방법으로 서로 조금씩 겹치게 3개의 잎을 만듭니다.

3. 위에서 보았을 때 정삼각형 모양이 되도록 균형을 맞춥니다.

tip 짜는 내내 기둥에서 팁이 떨어지지 않게 하세요. 떨어지면 구멍이 생겨 예쁘지 않아요.

△ 기둥과 잎 사이에 구멍이 생긴 모습

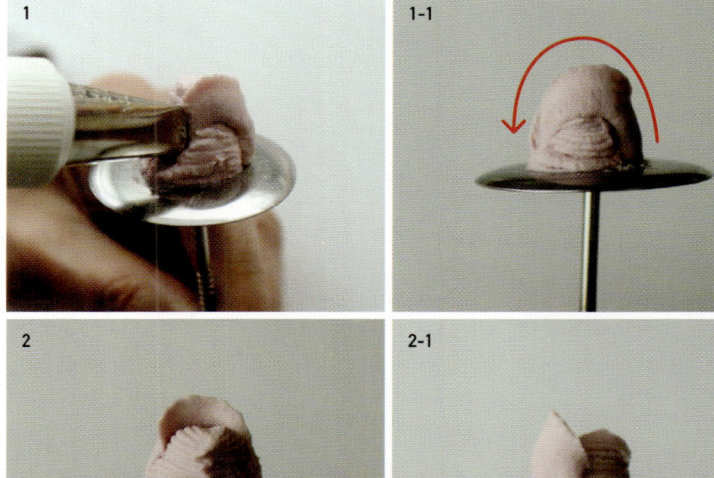

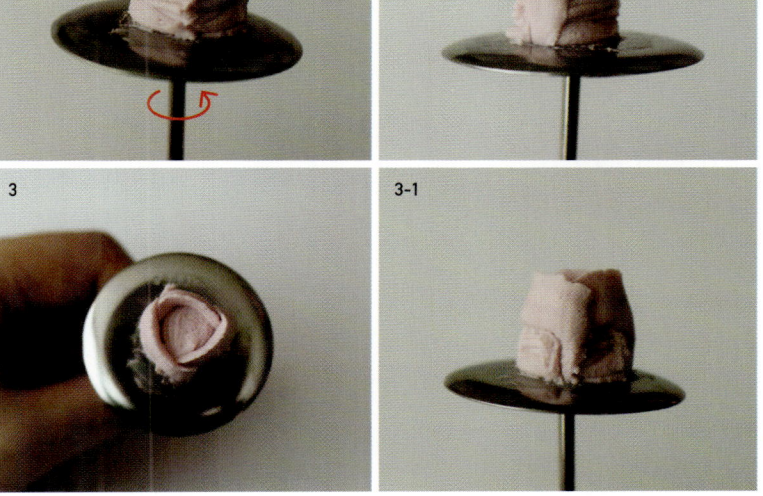

3

겹쳐서 3잎 만들기

1. 처음 만든 3잎과 같은 방법으로
   3잎을 한 번 더 짜되 앞에서 짜준
   3잎과 엇갈려서 만듭니다.

2. 조금씩 겹쳐 짜면서 앞의 3잎과
   똑같은 높이로 올립니다.

   notice 비워놓은 가운데 기둥 부분에
   수술이 들어가게 됩니다. 그런데 기둥
   에 대고 밀착해서 짜지 않으면 수술이
   들어갈 부분이 커져서 전체적인 꽃의
   느낌이 둔해질 수 있습니다. 3잎을 완
   전히 밀착해서 기둥을 살짝 깎는 느낌
   으로 짜주어야 합니다.

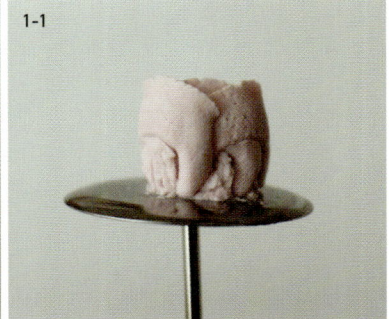

4

돌려서 1잎 만들기

1. 팁을 12시 방향으로 세우고 3잎
   과 같은 높이가 되도록 팁의 밑
   부분을 3잎에 붙여서 짭니다.

2. 왼손을 함께 돌리면서 서서히
   앙금을 짜는데, 원 모양으로 한
   바퀴를 돌립니다.

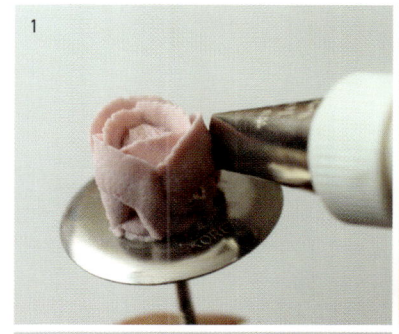

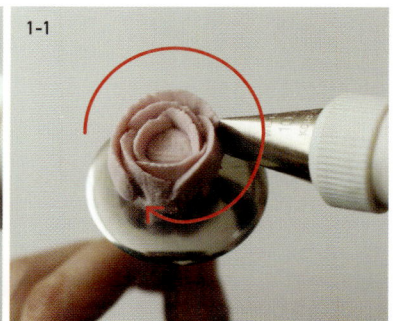

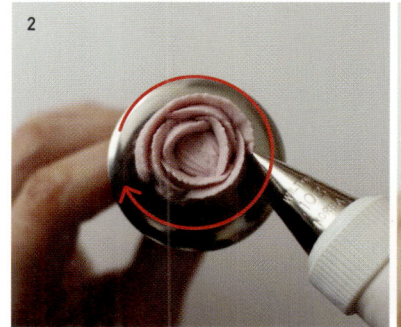

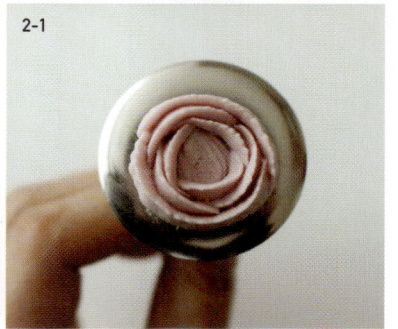

notice 돌릴 때 팁의 밑부분이 앞 잎에
닿지 않으면 완성 후 잎들이 떨어질 수
있습니다. 처음부터 끝까지 밀착해서
돌립니다.

△ 팁의 밑부분이 앞 잎에 닿지 않아 꽃잎
  이 떨어진 모습

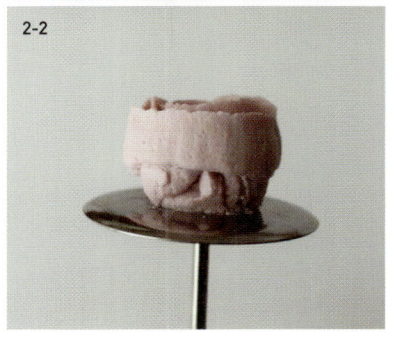

5

나머지 2잎 만들기

1. 앞 잎과 동일한 방법으로 동그
    란 잎을 짜되 팁의 각도가 점점
    1시 방향이 되도록 합니다.

    notice 팁의 각도는 꽃잎이 펼쳐진 정
    도라고 보면 됩니다. 1시 방향이 넘어
    가면 잎이 너무 많이 펼쳐질 수 있으니
    주의하세요.

2. 2잎을 짜서 동그란 잎은 총 3잎,
    최대 4잎까지 만듭니다.

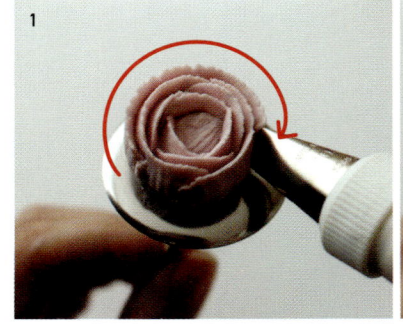

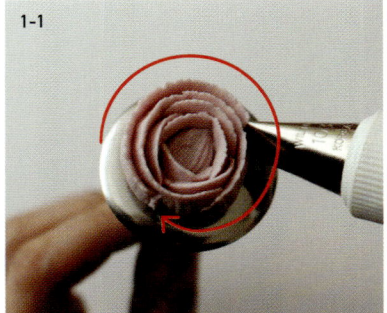

6
수술 만들기

1. 3번 팁으로 비워놓은 가운데 수술을 짜 넣어 꽉 채웁니다.

2. 3잎과 같은 높이로 올리되 처음에는 두껍게, 위로 올라갈수록 힘을 빼서 얇게 짭니다.

   tip 수술 밑부분을 두껍게 하지 않으면 수술이 흔들릴 수 있어요.

빅라넌큘러스 만들기

big ranunculus piping

ingredients

재료 : 컵설기 1개, 파이핑용 앙금
도구 : 103번 혹은 104번 팁, 3번 팁, 짤주머니, 커플러, 꽃가위 혹은 스패출러

네일 위에 올려서 만드는 라넌큘러스보다 훨씬 더 많은 잎을 가지고 있는 빅라
넌큘러스는 컵케이크 위에 바로 파이핑합니다. 이런 종류로는 빅라넌큘러스 외
에 해바라기, 스카비오사, 로제트 등이 있습니다. 잎들이 쓰러지거나 서로 닿지
않아야 예쁘게 만들어지므로 이 점에 주의하면서 손 힘을 조절하세요.

1

수술 공간 만들기

1. 컵설기 위에 바로 짜서 올리는 경우 꽃가위나 작은 스패츌러로 설기 위에 앙금을 얇게 발라야 작업하기 쉽습니다. 여기서 앙금은 접착 역할을 합니다.

2. 팁의 밑부분을 컵설기 가운데 살짝 찍어서 동그란 공간을 만듭니다.

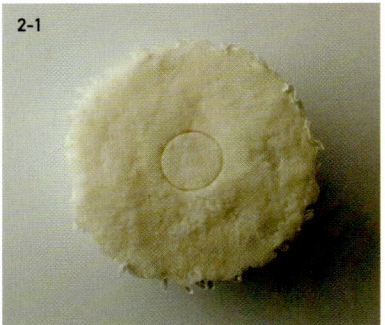

2
잎 만들기

1. 103번 혹은 104번 팁을 얇은 부분이 위로 가도록 잡아줍니다.

2. 표시해 놓은 수술 부분 위로 팁의 밑부분을 살짝 박고 동그랗게 만듭니다.

3. 나머지 잎들은 안쪽의 꽃잎 밑 부분에 팁을 대고 컵설기가 끝나는 부분까지 한 번에 한 바퀴씩 짜서 올립니다.

4. 계속해서 동심원을 그리며 꽃잎을 만듭니다. 10개 정도 꽃잎을 만들고 꽃잎이 시작해서 끝나는 부분이 조금씩 어긋나게 합니다.

notice 안쪽의 꽃잎에 밀착하지 않으면 위에서 봤을 때 구멍이 보이니 조심하세요. 짤 때 힘을 빼면 잎들이 힘없이 앞으로 쓰러져 잎끼리 붙을 수 있으니 주의합니다.

△ 짤 때 힘이 없어서 잎이 불안하고 구멍이 난 모습

3
수술 만들기

1. 3번 팁으로 비워놓은 가운데 수
   술을 짜서 넣습니다.

2. 꽃잎과 같은 높이로 짜되 처음
   에는 두껍게, 위로 올라갈수록
   힘을 빼서 얇게 합니다. 수술 밑
   부분을 두껍게 짜지 않으면 흔
   들릴 수 있으니 주의하세요.

 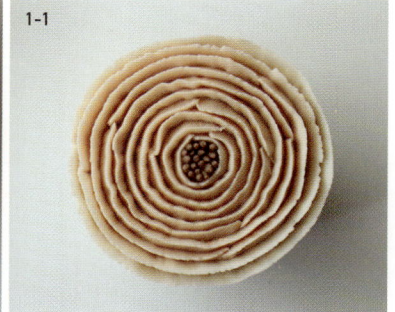

로제트 만들기

——————

rosette piping

ingredients

재료 : 컵설기 1개, 파이핑용 앙금, 아라잔
도구 : 16번 팁, 352번 팁, 짤주머니, 커플러

웨딩파티 느낌이 물씬 나는 로제트 컵설기. 다양한 색깔도 좋지만 연분홍색이
나 하늘색 같은 파스텔 톤이 훨씬 잘 어울리는 꽃이에요. 파이핑도 간단하기 때
문에 여러 개 만들어서 선물하기 딱 좋은 꽃이랍니다. 아라잔이나 흰 앙금을 이
용해서 더 아름답게 만들어보세요.

1

일자로 내려 원 만들기

1. 16번 팁으로 먼저 컵설기 가장
   자리에 일자로 짭니다.

2. 끊지 않고 이어서 시계 방향으
   로 원을 그리며 돌려 일자로 내
   린 부분까지 동그랗게 짭니다.

   notice 원을 작게 혹은 크게 짜면 부자
   연스럽고. 마무리 부분이 위로 올라가
   면 모양이 이상해지므로 균일한 모양
   을 유지하도록 주의합니다.

   notice 컵설기 바닥에 팁을 바짝 대고
   짜면 앙금이 굵히면서 부자연스러운
   모양이 됩니다. 컵설기 바닥에서 살짝
   들고 짜야 잎이 통통하고 예쁘게 완성
   됩니다.

3. 1~2의 과정을 반복해서 컵설기
   가장자리를 따라 다음 같이 꽃을
   만듭니다.

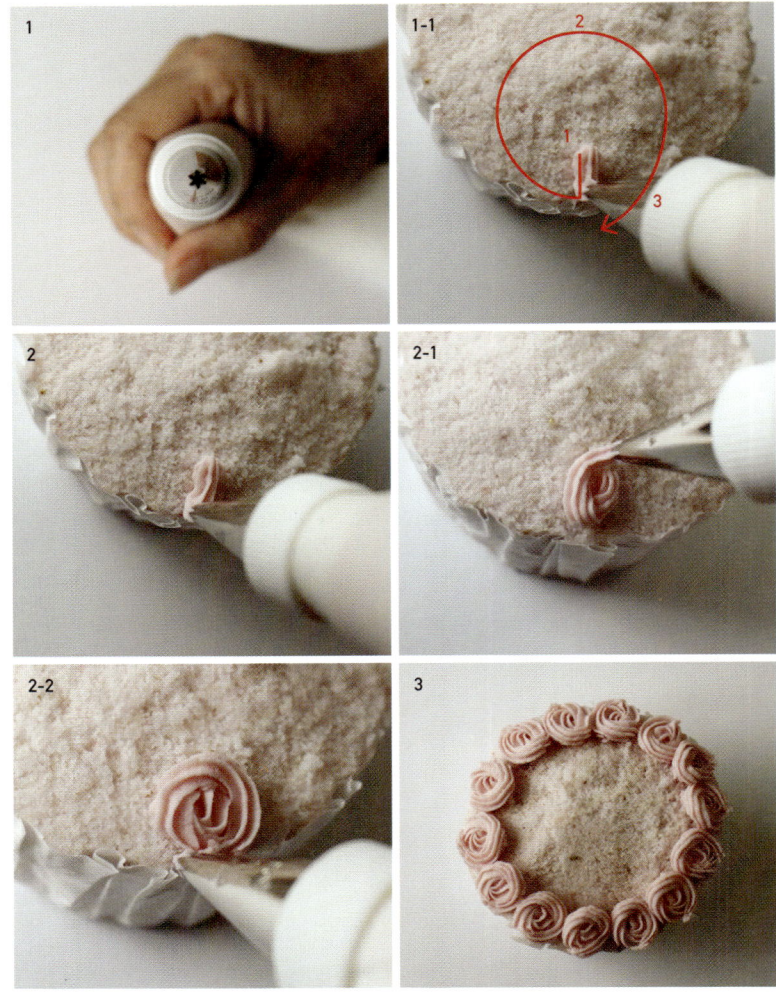

2

중앙과 빈틈을
채워 마무리하기

1. 비어 있는 컵설기 중앙에 그림
   과 같이 서로 겹치지 않게 꽃을
   짜서 채웁니다.

2. 꽃들 사이에 채워지지 않은 빈
   틈이 있으면 그 위에 꽃을 짜서
   올립니다. 옆에서 봤을 때 둥근
   산 모양으로 만듭니다.

   tip 완성했을 때 납작한 것보다 볼록하
   게 올라온 것이 훨씬 예쁘기 때문에 둥
   근 모양으로 만듭니다.

3

아 라 잔 과   잎 사 귀 로
장 식 하 기

1. 아라잔을 군데군데 뿌려서 더
   화려하게 만듭니다. 아라잔이 없
   다면 흰 앙금을 3번 팁으로 동그
   랗게 짜서 장식합니다.

   tip 아라잔은 설탕과 녹말을 섞어 알갱
   이를 만들어 식용 은분(銀粉)을 묻힌
   것으로 다른 도구들과 마찬가지로 베
   이킹 쇼핑몰에서 구입할 수 있습니다.

2. 그림과 같이 가장자리에 5~6개
   정도 잎사귀를 만듭니다. 잎사
   귀를 짜는 방법은 138쪽을 참
   고합니다.

애플 블로썸 만들기
apple blossom piping

ingredients

재료 : 파이핑용 앙금
도구 : 101번 혹은 102번 팁, 짤주머니, 커플러, 네일(꽃받침), 꽃받침대, 유산지

작은 크기로 너무나 귀여운 애플 블로썸은 장미만큼 인기 많은 꽃입니다. 어레
인지가 모두 끝난 꽃들 사이로 하나씩 올려주어도 예쁘고, 컵설기 위에 애플 블
로썸만 가득 올려주어도 사랑스럽죠. 어느 디자인이든 잘 어울리고 어떤 꽃과
도 궁합이 잘 맞는 애플 블로썸. 투톤으로 더 예쁘게 만들어볼까요?

1

2가지 색깔의
앙금 준비하기

1. 짤주머니를 뒤집어 그림과 같이 공간을 만듭니다.

2. 주걱을 이용해 반반씩 2가지 색깔의 앙금을 넣습니다.

   tip 2가지 앙금이 섞여버리면 투톤이 나오지 않기 때문에 최대한 정확하게 나누어 넣습니다.

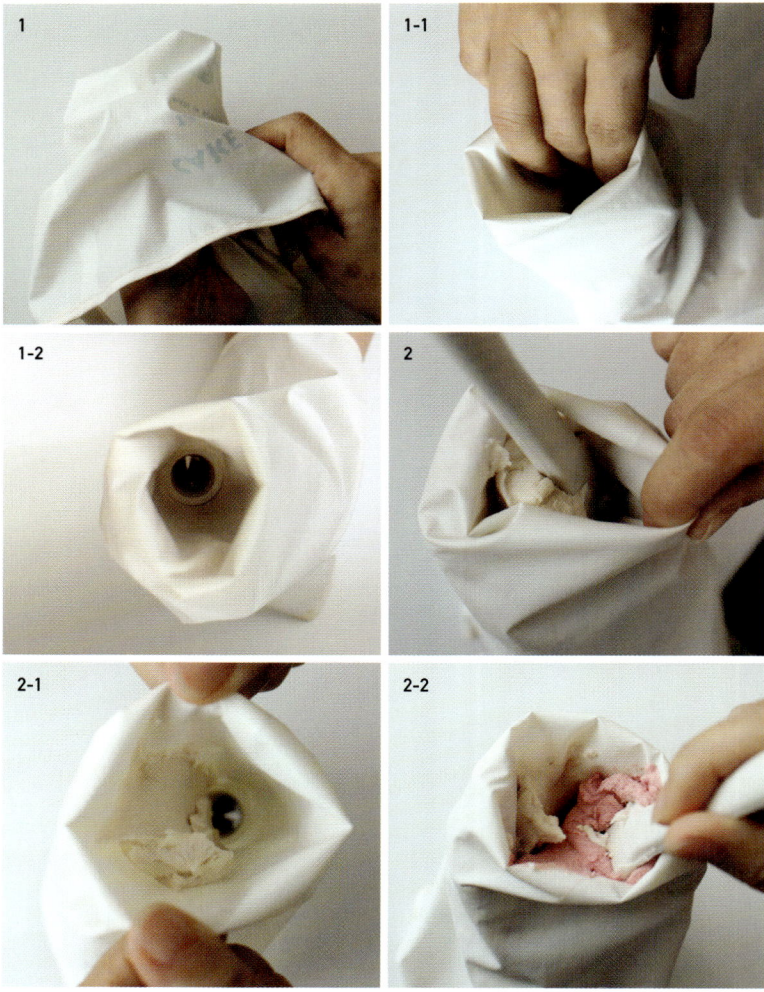

2

유산지 준비하기

1. 94쪽을 참고해 유산지를 붙입
   니다.

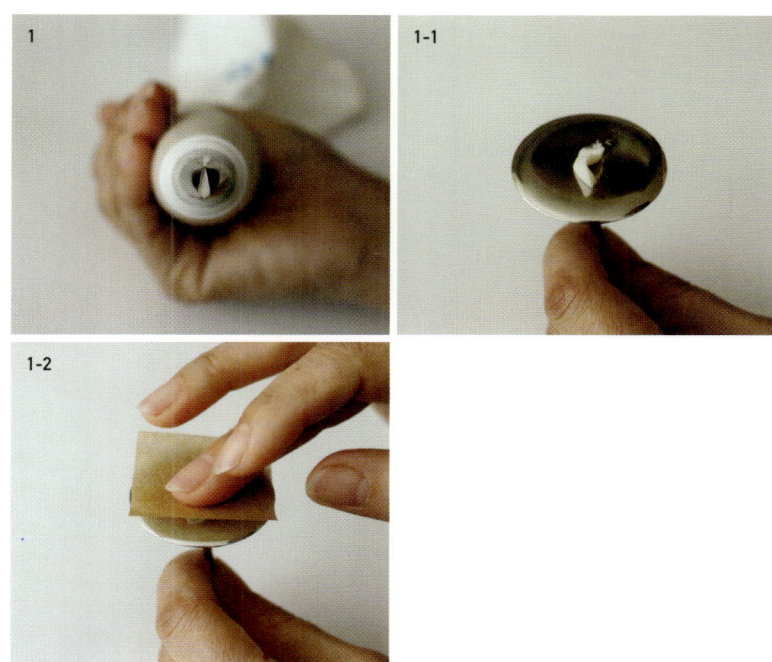

3

첫 잎 만들기

1. 101번 혹은 102번 팁을 얇은 부분이 위로 가도록 잡고 밑부분을 네일에 붙입니다.

2. 팁을 네일에서 살짝 떼어주면서 위로 올려 동그랗게 잎 모양을 만들고 다시 얇게 짜면서 가운데로 내려옵니다.

3. 뒤집었을 때 작은 물방울 모양이 되면 성공!

notice 1. 잎의 오른쪽은 왼쪽에 비해 서 있어야 다음 잎을 짜기 좋아요. 그렇기 때문에 팁을 네일 바닥에 계속 붙여서 짜지 않고 오른쪽으로 갈수록 살짝 위로 들어 만듭니다.

notice 2. 잎의 동그란 부분은 오른손으로 모양을 잡아주면서 왼손도 함께 돌려야 원 모양으로 예쁘게 나옵니다.

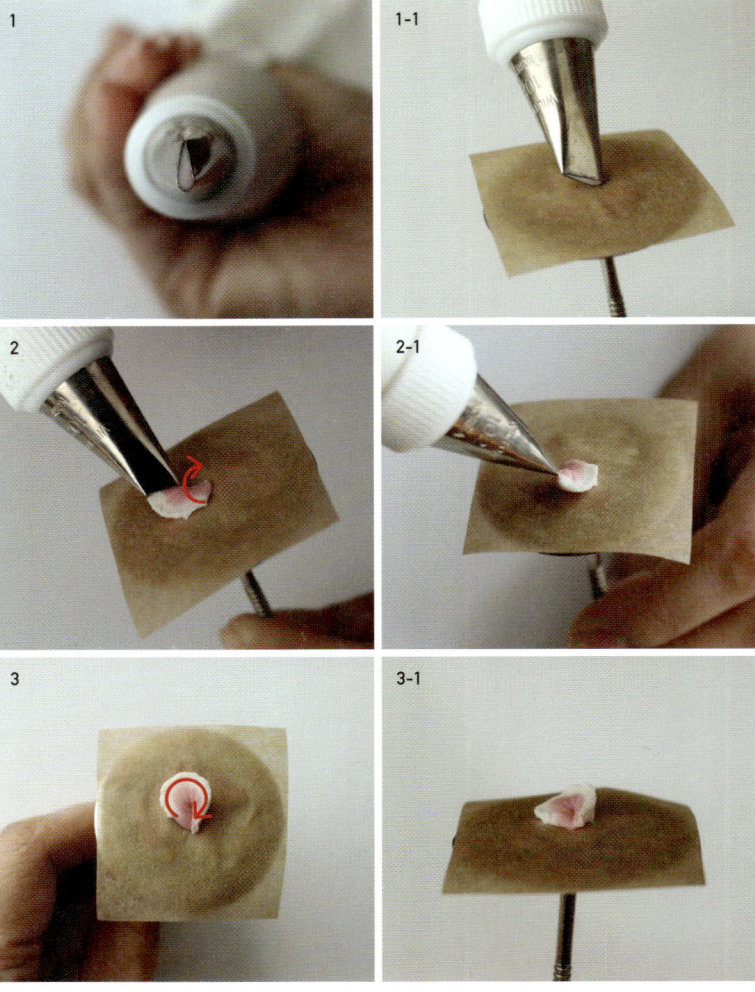

4

나 머 지 잎 만 들 고
얼 려 서 완 성 하 기

1. 첫 번째 잎을 짤 때와 같이 첫 잎
   의 오른쪽 뒤에서 시작해 동그
   랗게 만들고, 총 5개의 잎을 균
   형 있게 짜서 마무리합니다.

2. 97쪽을 참고해 30분 정도 냉동
   실에서 얼렸다가 꺼내서 장식합
   니다.

   <u>notice</u> 앙금은 천천히 얼고 빨리 녹기
   때문에, 냉동실에서 꺼낸 다음에는 최
   대한 빠른 속도로 작업해야 합니다.

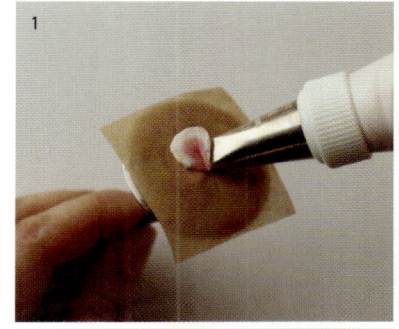

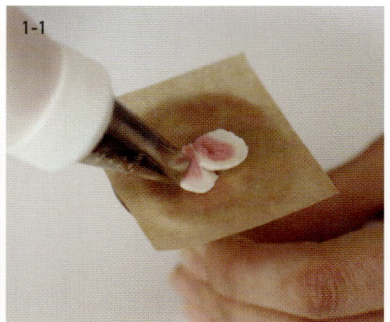

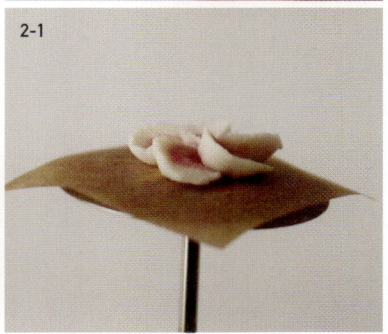

<u>notice</u> 잎들을 똑같은 크기로 짜야 완
성했을 때 균형 있는 모양이 됩니다.
균형을 맞추기 어려울 경우 유산지에 5
등분 잎을 그린 다음 그 위에 대고 짭
니다.

해바라기 만들기

sunflower piping

ingredients

재료 : 컵설기 1개, 파이핑용 앙금
도구 : 352번 팁, 3번 팁, 짤주머니, 커플러

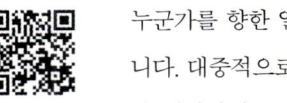

누군가를 향한 일편단심이 사랑스러운 꽃. 샛노란색 잎이 활짝 핀 해바라기입니다. 대중적으로 사랑받기도 하고, 생화와 매우 닮아서 선물하기 좋은 꽃입니다. 해바라기로 진심 어린 마음을 표현해 보세요.

1
수술 공간 만들기

1. 컵설기 위에 앙금을 살짝 발라 준비합니다.

2. 팁이나 커플러의 밑부분을 컵설 기 가운데 살짝 찍어서 동그란 공간을 만듭니다.

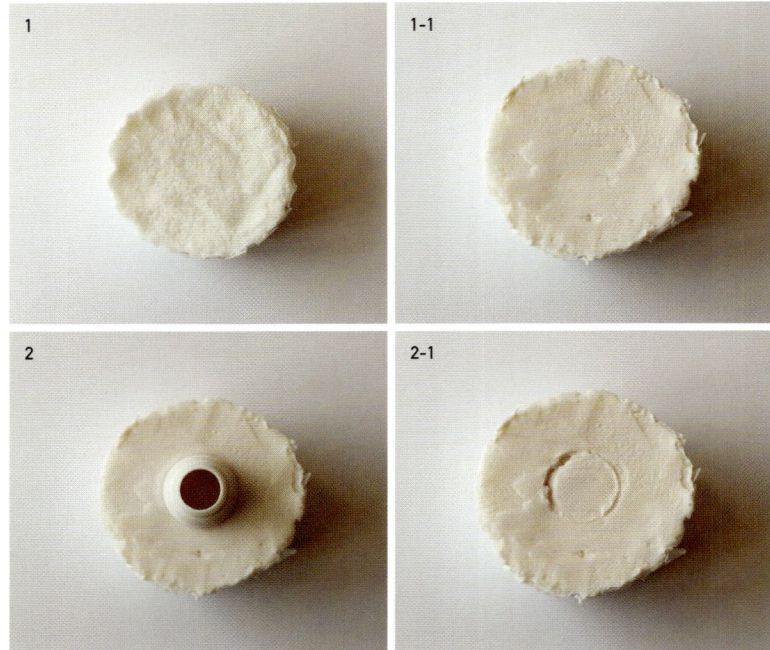

2
5~6잎 만들기

1. 352번 팁의 V자 모양에서 반 바퀴 돌려 하나의 날이 위로 가도록 짤주머니를 잡아줍니다.

   tip 팁을 1~2시 방향, 즉 대각선 방향으로 세워야 뒤의 잎들을 예쁘게 짤 수 있어요. 눕혀서 짜면 잎들이 납작해져 모양도 좋지 않고 다음 잎을 짜기도 불편합니다.

2. 가운데 미리 찍어놓은 선 위로 크기에 맞게 5~6개 잎들을 조금씩 겹쳐서 짭니다. 밑은 두껍게 하고 점점 힘을 빼면서 얇고 뾰족하게 만들어 삼각형 모양이 되도록 합니다.

   notice 밑이 얇으면 꽃잎이 풍성해 보이지 않고, 꽃잎 끝부분이 얇지 않으면 둔탁해 보여요. 작은 잎사귀를 짠다는 느낌으로 두껍게 시작해서 얇게 끝날 수 있도록, 삼각형 모양을 연습합니다.

3
꽃잎 펼치기

1. 팁을 대각선 방향으로 세우고 앞
   서 만든 5~6잎 사이사이에 짜서
   올립니다.

   tip 모든 꽃잎은 각 꽃잎 사이사이에 만
   들어야 더욱 풍성하고 자연스럽게 완
   성됩니다.

2. 컵설기의 가장자리까지 채웁니다.

4
수술 만들기

1. 3번 팁으로 코코아 가루를 섞은 갈색 앙금을 비워놓은 가운데 부분에 짜 넣습니다.

2. 동그랗고 작은 크기로 짜고, 완전히 힘을 빼고 살짝 돌려서 마무리합니다.

잎사귀, 봉오리, 안개꽃 만들기

leaf, peak, gypsophila piping

ingredients

재료 : 컵설기 1개, 파이핑용 앙금
도구 : 352번 팁, 3번 팁, 짤주머니, 커플러

케이크에 활기를 불어넣는 잎사귀와 봉오리, 안개꽃에 대해 알아봅니다. 케이크의 수준을 높여주는 고마운 3종 세트라고 할 수 있어요. 생화처럼 자연스럽게 표현해 주기도 하고 지저분한 곳을 가리는 역할도 한답니다. 깔끔한 파이핑으로 완성도 높은 케이크를 만들 수 있어요. 여기서는 장미 3송이를 어레인지한 컵설기에 만들어보았습니다.

1

잎사귀 짜기

1. 352번 팁의 V자 모양에서 반 바퀴 돌려 하나의 날이 위로 가도록 짤주머니를 잡습니다.

2. 꽃과 꽃 사이 등 잎사귀가 필요한 부분에 팁을 놓고 밑은 두껍게 하고 점점 힘을 빼면서 얇게 짭니다.

   notice 갑자기 힘을 빼면 잎이 둔탁해 보여요. 힘을 너무 천천히 빼도 잎이 길어지고 부자연스럽기 때문에 적당한 모양을 만들 수 있도록 연습합니다.

   tip 꽃과 꽃 사이는 공간이 보이지 않도록 두껍게 짜 넣습니다. 이때 잎은 평균 1~3개 정도로 합니다. 너무 많으면 지저분해 보이니 주의하세요.

2
안개꽃 짜기

1. 3번 팁으로 세 꽃의 사이를 채
   웁니다.

2. 밑부분은 두껍게, 올라가면서 점
   점 얇게 짜야 예쁘게 나옵니다.

   notice 너무 얇게 짜면 흰색 앙금이 붙
   지 않을 수 있으니 주의합니다.

3. 3번 팁을 사용해 초록 안개꽃
   위로 흰색 안개꽃을 2/3 정도
   짜서 올립니다.

   tip 흰색 안개꽃은 짧고 통통한 것이 예
   뻐요.

3
봉오리 짜기

1. 3번 팁으로 안개꽃과 같이 세 꽃
    사이에 짜 넣습니다. 안개꽃보다
    훨씬 힘을 많이 주어 크고 동그
    랗게 만듭니다.

    tip 한쪽에 봉오리만 2~3개 채워도 되
    고 안개꽃과 함께 짜 넣어도 예뻐요.

2. 안개꽃처럼 3번을 이용해서 봉
    오리 위로 흰색 봉오리를 짜서
    올립니다. 팁을 봉오리 안에 살
    짝 넣고 통통하게 짜줍니다. 안
    개꽃 역시 흰색을 올립니다.

스카비오사 만들기

scabiosa piping

ingredients

재료 : 컵설기 1개, 파이핑용 앙금
도구 : 103번 혹은 104번 팁, 81번 팁, 3번 팁, 짤주머니, 커플러

잎의 주름이 포인트인 스카비오사. 불규칙한 파이핑으로 주름을 만들면 더 자
연스럽게 표현할 수 있어요. 또한 다른 색의 앙금과 섞어서 그라데이션을 만들
어보세요. 생화보다 더 예쁜 스카비오사가 탄생할 거예요. 비교적 큰 스카비오
사는 컵설기 위에 바로 파이핑하는 것이 일반적인데, 조금 작게 만들어 케이크
위에 올리기도 합니다. 케이크 위에 올리고 싶다면 다른 과정들처럼 네일 위에
기둥을 만들어 동일하게 작업하면 됩니다. 컵설기 위에 바로 짤 때는 꽃가위나
작은 스패출러로 앙금을 얇게 바르고 시작하세요.

1

1단 잎 만들기

1. 103번 혹은 104번 팁의 얇은 부분이 위로 가도록 잡고 컵설기 가장자리에서 시작합니다.

2. 팁을 눕혀서 올렸다가 내려 데이지를 짜듯이 동그랗게 만들어주세요. 하나의 잎에 주름을 2~3개 정도 만듭니다.

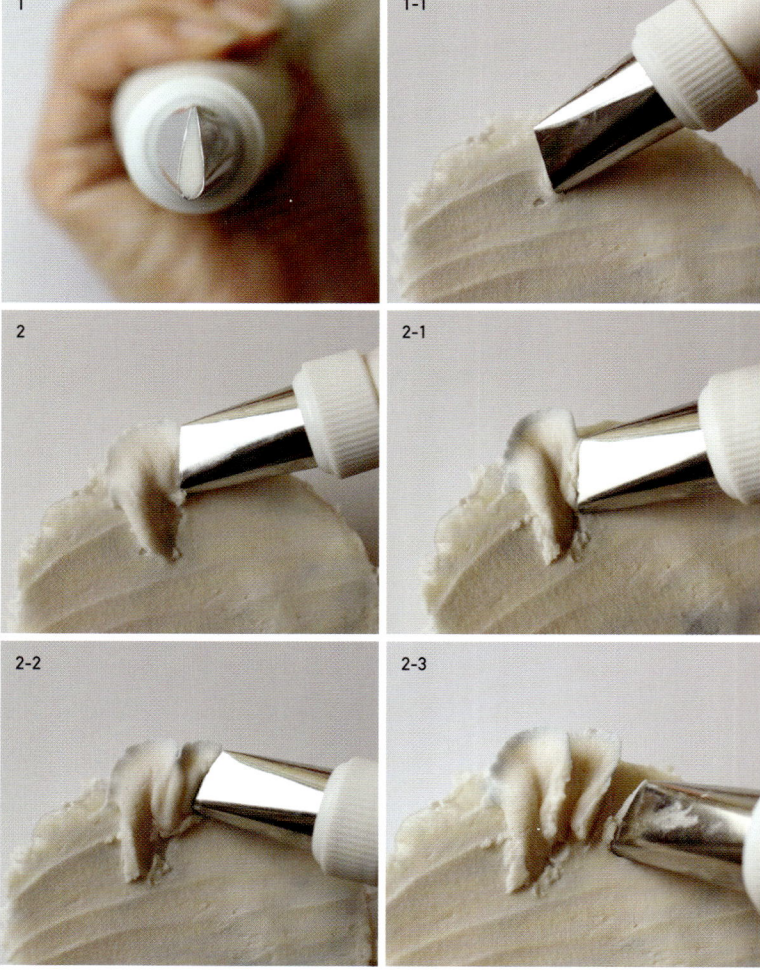

3. 2~3개씩 큰 물결 모양 잎들을
이어지게 짭니다.

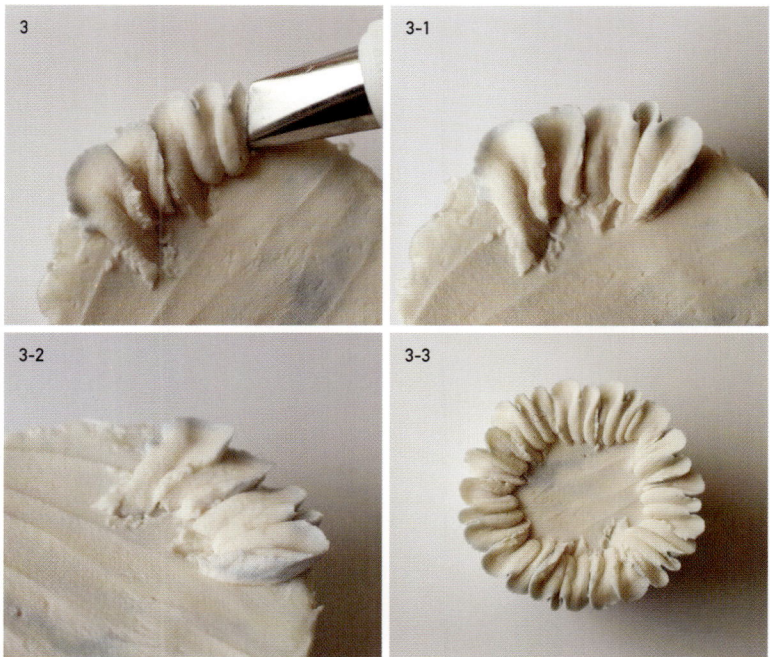

2

2단 잎 만들기

1. 2단 잎은 1단 잎 위로 올려 1단 잎이 조금 보이도록 짭니다.

2. 1단 잎과 같이 2~3개의 큰 물결 모양 잎들을 짠 다음 얇게 내려 옵니다. 1단과 같이 한 바퀴를 짰을 때 모든 잎들의 길이가 같아야 위에서 보았을 때 균형 있고 보기 좋습니다.

3

3단 잎 만들기

1. 가운데 비어 있는 부분을 일자로 짜서 채웁니다.

2. 2단 잎과 동일한 방법으로 짜되 2단 잎이 조금 보이도록 합니다.

3. 1~2단과 마찬가지로 한 바퀴 돌려 짜면서 균형을 맞춥니다.

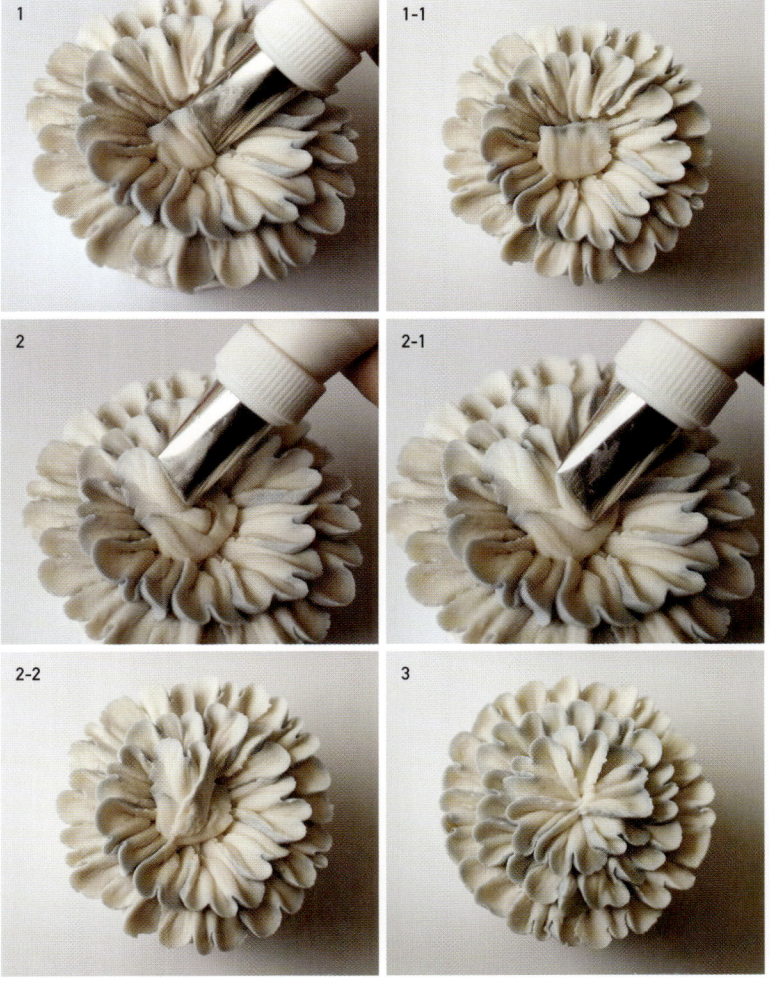

4
가운데 잎 만들기

1. 팁으로 가운데 부분을 살짝 찍어 동그랗게 표시합니다.

2. 81번 팁을 사용해서 짧은 국화를 짜는 느낌으로 표시해 놓은 부분 위에 파이핑합니다.

3. 좀더 풍성한 느낌을 주려면 한 바퀴 더 짜서 올립니다.

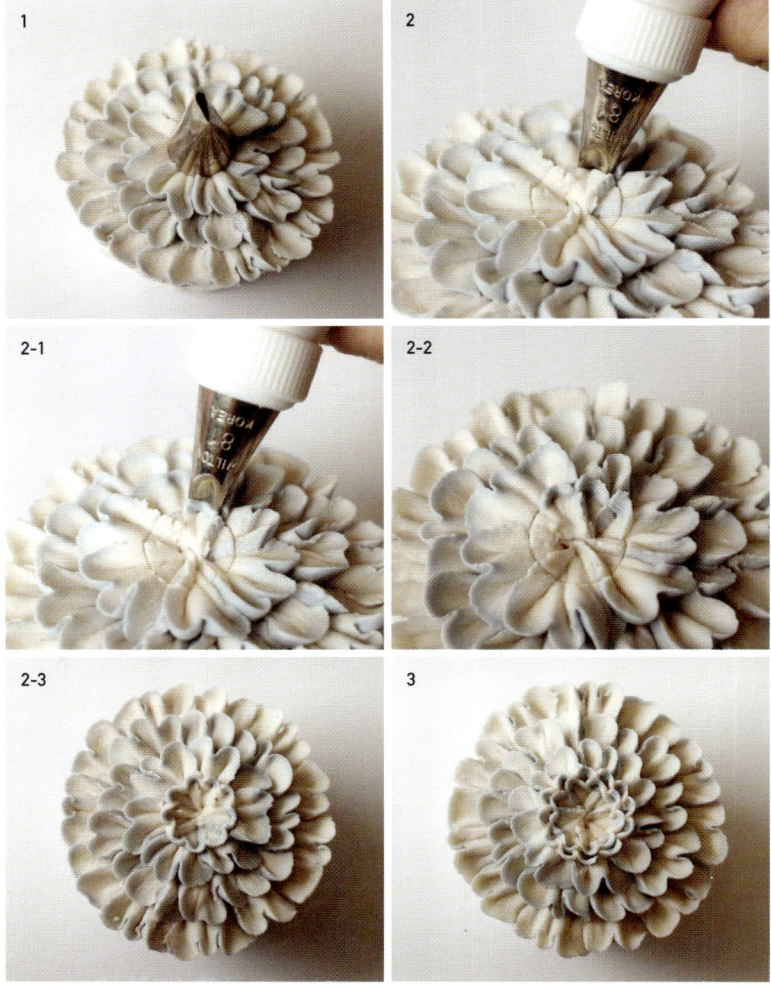

5

수술 만들기

1. 3번 팁으로 갈색 앙금을 비워놓은 가운데 부분에 짜 넣습니다.

   tip 갈색 앙금은 코코아 가루를 섞어 만듭니다.

2. 작고 동그랗게 짜며 완전히 힘을 빼고 살짝 돌려서 마무리합니다.

   notice 수술을 짤 때 힘을 빼지 않고 돌리면 동그란 모양이 나오지 않고 지저분해집니다. 반드시 힘을 빼고 살짝 돌려 깨끗하게 마무리하세요.

미니장미와
미니국화 만들기

mini rose &
mini chrysanthemum piping

ingredients

재료 : 파이핑용 앙금
도구 : 81번 팁, 101번 혹은 102번 팁, 짤주머니, 커플러, 네일(꽃받침), 꽃받침대

기존의 크기보다 작게 만들면 더 귀엽게 표현할 수 있습니다. 여기서는 총 7개
의 미니국화와 미니장미를 만들어봅니다. 작게 짤 때는 어떤 점을 주의해야 하
는지 살펴보고 미니국화와 미니장미를 파이핑해주세요.

1

미니국화 만들기

1. 83쪽의 국화 만들기와 동일한 방법으로 하되 작은 크기로 만들어주세요. 작게 만들려면 먼저 2cm 정도로 기둥을 만듭니다.

   <u>tip</u> 수술 있는 국화도 88쪽을 참고해 동일한 방법으로 만듭니다.

   <u>notice</u> 크게 만들면 컵설기 위에 5〜6개밖에 올라가지 않으니 너무 크지 않게 합니다.

2. 이후 과정은 83쪽과 동일하게 3잎을 만들고 잎을 펼쳐주면 됩니다.

2
미니 장미 만들기

1. 101번 혹은 102번 팁을 이용해 75쪽의 기본 장미 만들기와 동일한 방법으로 하되 조금 작은 크기로 만듭니다. 작은 꽃잎을 만들려면 2cm 정도로 기둥을 만듭니다.

   <u>notice</u> 103번이나 104번 팁을 사용하는 기본 장미와 사용하는 팁이 다른 것을 주의하세요.

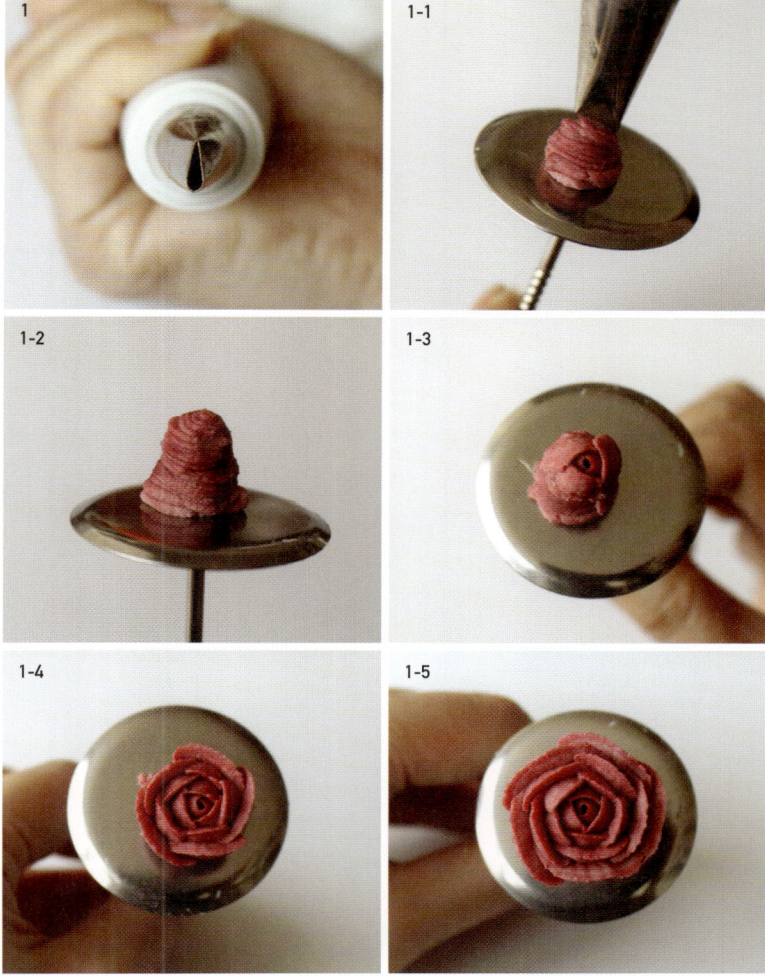

3

플라워 어레인지로
케이크 완성하기

각양각색 아름다운 꽃을 케이크 위에 올려 앙금 플라워케이크
를 완성합니다. 컵케이크나 1호 사이즈 케이크에 맞는 스타일,
심플하거나 풍성한 느낌을 주고 싶을 때 등등 어떤 디자인으로
어레인지하느냐에 따라 전체적인 케이크 분위기가 달라집니다.
다양한 어레인지로 나만의 케이크를 완성해 보세요.

컵설기에 장미 1송이 어레인지하기

one rose arrange

ingredients

재료 : 컵설기, 앙금 장미
도구 : 꽃가위
잎사귀 준비물 : 초록 앙금, 짤주머니, 352번 팁, 커플러

심플하지만 꽃이 가장 돋보이는 스타일로 오직 꽃 1송이만으로 포인트를 주는 어레인지입니다. 'Simple is the best!'라는 말처럼 깔끔하게 만들어보세요.

1. 파이핑한 장미의 기둥을 꽃가위
   로 잘라줍니다.

2. 준비한 컵설기 위에 올립니다.

   <u>notice</u> 가운데를 잘 맞추지 않으면 균
   형이 맞지 않으니 주의하세요.

   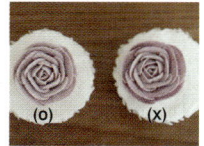

3. 잎사귀를 2~3개 정도 짜서 올
   립니다.

   <u>tip</u> 잎사귀 만드는 법 138쪽 참고.

컵설기에
3송이 어레인지하기

three flower arrange

ingredients

재료 : 컵설기, 장미·국화 등 앙금꽃 3개, 여분의 앙금
도구 : 꽃가위
잎사귀 준비물 : 꽃가위, 352번 팁, 커플러

큰 케이크를 선물하는 것도 좋지만, 여러 사람들에게 선물할 경우 컵설기만큼 좋은 것도 없습니다. 한두 개씩 선물해도 좋고 다양한 종류의 꽃으로 6개씩 가득 담아도 아주 좋습니다. 크기가 작아서 꽃을 어떻게 올려야 할지 또 어떻게 장식해야 할지 걱정되시죠? 앙증맞은 미니 화분처럼 컵설기 위에 2~3송이 꽃을 피우는 방법을 알아봅니다.

1. 컵설기를 3등분해 꽃가위로 꽃 하나를 올립니다. 이때 살짝 기 울여서 올려주어야 좀더 풍성하 게 표현됩니다. 꽃이 떨어지지 않게 컵설기에 닿는 부분의 꽃 을 꽃가위로 살짝 눌러 밀착하 세요.

2. 나머지 꽃들도 같은 방법으로 올립니다. 꽃끼리 밀착되지 않 으면 꽃이 떨어지거나 위에서 봤을 때 구멍이 보일 수 있으니 주의합니다.

3. 꽃과 꽃 사이 공간에 잎사귀를 1~2개씩 짜 넣어서 빈 공간을 채웁니다.

   tip 잎사귀 만들기 138쪽 참고.

4. 꽃 3개가 만나는 윗부분은 잎사 귀를 1~2개 짜 넣거나 안개꽃 을 짜서 올립니다.

   tip 잎사귀 만들기 138쪽, 안개꽃 만들 기 139쪽 참고.

Variation

2송이 어레인지하기 /

3송이를 어레인지하는 방법과 거의 비슷하지만 2송이만 올리고 나머지 공간은 안개꽃과 봉오리, 잎사귀 등을 올려서 완성합니다.

재료 : 컵설기, 국화 · 장미 등 앙금꽃 2개
도구 : 꽃가위
잎사귀 준비물 : 초록 앙금, 짤주머니, 352번 팁, 3번 팁, 커플러

1. 3송이 어레인지와 같은 방법으로 하되 설기 위의 공간을 2등분해서 2개의 꽃을 올립니다.

2. 꽃 하나가 들어갈 자리에 봉오리와 안개꽃을 함께 짜서 올립니다.

   tip 봉오리 짜기 140쪽, 안개꽃 짜기 139쪽 참고.

크레센트 어레인지하기

crescent arrange

ingredients

재료 : 1호 사이즈 설기, 장미 · 국화 등 앙금꽃 10개, 여분의 앙금
도구 : 꽃가위
잎사귀 준비물 : 짤주머니, 352번 팁, 커플러

크레센트란 꽃을 초승달 모양으로 어레인지하는 것을 말합니다. 심플하고 깔끔한 케이크를 만들 때 효과적입니다. 꽃을 올리고 케이크의 남은 부분에는 3번 팁을 이용해서 전하고 싶은 말을 적어도 됩니다.

1. 떡케이크 위에 먼저 초승달 모양으로 받침대를 만듭니다. 꽃을 받쳐주어 좀더 편하게 꽃을 올릴 수 있습니다.

2. 1에서 만든 초승달의 1/2 정도 크기에 삼각형 모양으로 3개의 꽃을 먼저 올립니다. 서로 잘 밀착되어야 떨어지지 않으며 위에서 보았을 때도 빈 공간이 보이지 않습니다.

3. 나머지 부분에서 3개의 꽃을 2와 같은방법으로 밀착해서 올립니다.

4. 6개의 꽃 시작과 끝부분에 그림과 같이 꽃을 하나씩 올립니다.

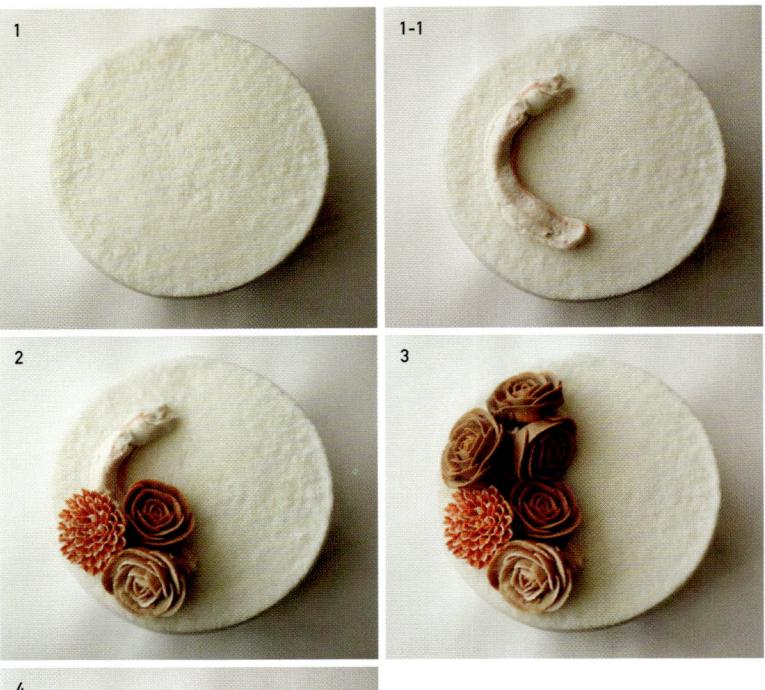

5. 8개의 꽃 위로 2개의 꽃을 더 올립니다. 이때 꽃을 충분히 밀착해야 꽃이 떨어지지 않습니다.

6. 꽃과 꽃 사이에 잎사귀를 1~3개 정도 짜 넣고, 빈 곳에 안개꽃과 봉오리를 짜서 완성합니다.

   tip 꽃 사이에 짜 넣는 잎은 지저분한 부분을 가려주기도 하고 꽃을 더욱 밀착시키는 역할을 합니다.

   tip 잎사귀 만들기 138쪽, 안개꽃 만들기 139쪽, 봉오리 만들기 140쪽 참고.

블로썸 어레인지하기

blossom arrange

ingredients

재료 : 1호 사이즈 설기, 장미 · 국화 등 앙금꽃 15~16개, 여분의 앙금
도구 : 꽃가위
잎사귀 준비물 : 초록 앙금, 짤주머니, 352번 팁, 안개꽃용 흰색 앙금, 3번 팁, 커플러

블로썸 스타일이란 케이크 위를 전부 꽃으로 덮는 디자인으로, '꽃이 활짝 핀다'
는 뜻처럼 화려한 꽃다발 느낌을 줍니다. 꽃이 가득 올라가기 때문에 돔 스타일
과 함께 생일 파티에서 가장 사랑받는 디자인이며, 풍성하고 화려한 꽃으로 파
티를 더 반짝반짝 빛내 줍니다.

1. 떡케이크 위에 작은 원 모양으로 앙금을 도톰하게 짜서 올립니다. 이것은 꽃을 지지해 주는 받침대 역할을 합니다.

2. 1의 앙금을 지지대 삼아 약간 비스듬하게 3개의 꽃을 밀착해서 올립니다.

3. 가장자리에 꽃을 둘러줍니다. 빈 곳 없이 꽃끼리 밀착해야 합니다.

4. 꽃 사이에 빈 공간이 크게 보이면 그 위에 큰 꽃을 1송이 올리거나 작은 꽃을 2송이 올립니다. 여기서는 큰 꽃 1송이와 작은 꽃 4송이를 올렸습니다.

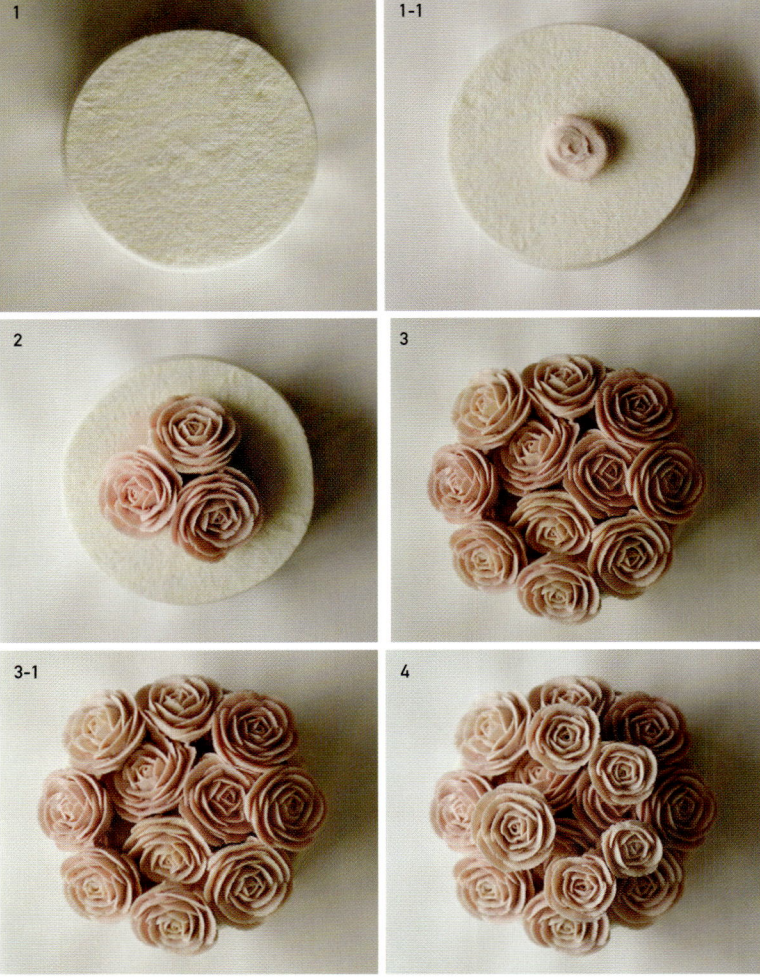

5. 맨 아래 있는 꽃 사이에 잎사귀
   를 짜 올립니다.

   tip 잎사귀 만들기 138쪽 참고.

6. 위에 올린 꽃 사이에도 잎사귀
   와 안개꽃, 봉오리 등을 만들어
   완성합니다.

   tip 잎사귀 만들기 138쪽, 안개꽃 만들
   기 139쪽, 봉오리 만들기 140쪽 참고.

리스 어레인지하기

wreath arrange

ingredients

재료 : 1호 사이즈 설기, 장미·국화 등 앙금꽃 15~16개, 여분의 앙금
도구 : 꽃가위
잎사귀 준비물 : 초록 앙금, 짤주머니, 352번 팁, 안개꽃용 흰색 앙금, 3번 팁, 커플러

꽃에 관심 있는 사람이라면 리스라는 말이 익숙할 것입니다. 가운데가 뚫린 모양으로, 그대로 떼어서 화관처럼 머리에 쓰고 싶은, 너무나 사랑스러운 디자인입니다. 난이도가 가장 높지만 그만큼 아름다운 디자인으로 많은 사람들에게 사랑받고 있습니다.

1. 떡마름이 걱정된다면 떡케이크 가운데 앙금을 얇게 발라줍니다.

2. 케이크 가장자리에 삼각형 모양 으로 꽃을 올리되, 밖으로 2개, 안으로 1개를 밀착해서 올립니 다. 꽃을 비스듬히 세워야 더 예 쁘게 나옵니다.

3. 가장자리를 따라 꽃 하나를 밀 착하여 올립니다.

4. 2~3을 두 번 반복해서 그림과 같이 꽃을 케이크 가장자리에 둘러 줍니다.

5. 안쪽에 올린 3개의 꽃 사이에 앙금을 동그랗게 짜서 넣습니다.

6. 5 위로 꽃 3개를 밀착해서 올립니다. 꽃이 떨어지지 않도록 충분히 밀착합니다.

7. 꽃 사이에 잎사귀를 1~3개 정도 짜 넣습니다. 위에 올린 꽃 사이에도 안개꽃을 짜서 올리면 지저분한 곳을 가려주고 꽃들이 더욱 밀착됩니다. 남은 곳에 안개꽃과 봉오리를 짜 넣어 더욱 예쁘게 완성합니다.

   tip 잎사귀, 안개꽃, 봉오리 만들기 138~140쪽 참고.

돔 어레인지하기
———
dome arrange

ingredients

재료 : 1호 사이즈 설기, 장미 · 국화 등 앙금꽃 15~16개, 여분의 앙금
도구 : 꽃가위
잎사귀 준비물 : 초록 앙금, 짤주머니, 352번 팁, 안개꽃용 흰색 앙금, 3번 팁, 커플러

돔 스타일은 말 그대로 둥글고 볼록하게 꽃을 어레인지하는 스타일로 풍성한 모양이 포인트입니다. 블로썸 어레인지와 비슷한 모양인데, 케이크를 완전히 덮는 것과 덮지 않는 것으로 디자인을 구분합니다.

1. 떡케이크 위에 앙금을 돔 형태
   로 볼록하고 도톰하게 짜서 올
   립니다.

2. 1의 가장자리에 꽃을 올립니다.
   틈이 보이지 않도록 꽃과 꽃 사
   이를 서로 밀착시킵니다.

3. 돔 꼭대기 부분에 꽃 하나를 올
   립니다.

4. 3의 꽃 사이에 5~6개의 꽃을 더
   올립니다.

5. 꽃과 꽃 사이에 잎사귀를 짜 넣
   습니다.

6. 빈 공간이 크거나 잎사귀를 짜
   고 남은 부분에는 봉오리와 안
   개꽃을 짜 넣어 완성합니다.

   <u>tip</u> 잎사귀, 안개꽃, 봉오리 만들기
   138~140쪽 참고.

미니장미 어레인지하기

mini rose arrange

ingredients

재료 : 컵설기, 앙금 미니장미 7개
도구 : 꽃가위
잎사귀 준비물 : 초록 앙금, 짤주머니, 352번 팁, 커플러

작은 컵설기에 작은 꽃 7송이를 어레인지하는 스타일로 꽃 사이를 밀착하는 것
이 가장 중요합니다. 한 가지 색으로 만들어도 예쁘지만 흰 꽃과 함께 어레인지
하면 좀더 고급스러운 컵설기를 만들 수 있습니다.

1. 컵설기 위에 미니장미를 올립니
   다. 기둥을 자르지 않고 그대로
   높이 올립니다.

2. 나머지 5~6개의 꽃들은 옆으로
   비스듬하게 올립니다. 옆의 꽃
   들은 기둥을 잘라 올립니다.

   <u>notice</u> 미니장미의 경우 잎을 일자로
   붙여서 올립니다. 그러지 않아도 괜찮
   지만 일자로 붙이면 좀더 깨끗하게 올
   릴 수 있습니다.

3. 충분히 밀착하여 나머지 꽃을
   모두 올립니다.

4. 꽃과 꽃 사이에 잎사귀를 짜 넣
   습니다.

5. 디자인에 따라 아래쪽에만 짜도
   되고 꽃 사이에 모두 짜 넣어도
   됩니다.

tip 미니장미 어레인지와 동일한 방법
으로 미니국화를 어레인지한 모습.